JN234107

図解 第二種電気工事士 技能試験テキスト

TDU 東京電機大学出版局

本書の全部または一部を無断で複写複製（コピー）することは，著作権法上での例外を除き，禁じられています。小局は，著者から複写に係る権利の管理につき委託を受けていますので，本書からの複写を希望される場合は，必ず小局（03-5280-3422）宛にご連絡ください。

まえがき

　第二種電気工事士技能試験は，筆記試験を合格した者および筆記免除者について，毎年7月の下旬に行われる。技能試験は，材料工具選別試験と単位作業の二つの試験に分かれている。

　本書は，第二種電気工事士技能試験を受験しようと考えている全ての人たちを対象に「合格への道しるべ」として，試験直前まで使えることを目的に編集したもので，単に予想問題を練習するといった勉強方法でなく，限られた練習時間内でどのような形式の問題にも対応できる力をつけることができるように考慮されている。

　また，本書は独学書として利用するだけでなく学校等の講習テキストとしても利用できるように構成されている。

本書は，次のような特長をもっている。
① わかりやすい図解と二色刷り
② 見開きで項目を解説
③ はじめて受験する人のために技能試験全体の流れを説明
④ 技能試験に必要な工具や練習する上で必要な材料の揃え方の説明
⑤ 講習会以上の充実した練習習熟度チェックと練習習熟度チェック表
⑥ 最近3年間の技能試験全問題と模範解答および解説

本書は「合格への道しるべ」であり，その道しるべに従って何度でも繰り返し練習をする人が合格を手にできる。

　最後に，本書出版に際しいろいろとお世話いただいた東京電機大学出版局のみなさんに深く御礼申し上げます。

　　平成3年4月

　　　　　　　　　　　　　　　　　　　　　　　　　　　　　　著者しるす

目次

1 技能試験のあらまし

1-1 筆記試験に合格したら ……………………………………………6
〔1〕技能試験はどんな内容の試験なのか？ ……………………7
〔2〕技能試験に合格するにはどんな勉強をしたらよいのか？ ………7

1-2 技能試験の流れと必要な工具 ………………………………10
〔1〕試験会場へ行く時間 ……………………………………10
〔2〕材料工具選別試験 ………………………………………11
〔3〕単位作業 ………………………………………………12
〔4〕工具・材料を揃えよう …………………………………13

2 単位作業試験

2-1 電線の接続法 …………………………………………………14
〔1〕電線被覆のむきとり寸法，むきとり方法，ペンチの使用方法 ……14
〔2〕直線箇所における接続 …………………………………16
〔3〕分岐箇所における接続 …………………………………18
〔4〕終端箇所における接続（ねじり・とも巻き接続）………20
〔5〕終端箇所における接続（ねじ込み形電線コネクタ・リングスリーブ）…22

2-2 各種器具への結線 ……………………………………………24
〔1〕ランプレセプタクルなど器具への結線の基本作業 ……24
〔2〕露出形コンセントと露出形スイッチへの結線方法 ……26
〔3〕端子なしジョイントボックス内での結線方法 …………28
〔4〕端子付きジョイントボックスへの取付け方法と結線方法 ……29
〔5〕連用取付け枠への各種埋込形器具の結線方法 …………30

2-3 配線図の電気回路図化 ………………………………………34
〔1〕電線条数（本数）と電線色別の考え方 …………………34
〔2〕単位作業試験に出る図記号 ……………………………36
〔3〕電気回路図化の基本ルール ……………………………38
〔4〕3路スイッチの考え方 …………………………………40

　　　　〔5〕パイロットランプの考え方 …………………………………… 42
　　　　〔6〕いろいろな配線図の結線例・切断とむきとり寸法 …………… 44
　2-4 電線管とその他の工事方法 ……………………………………………… 48
　　　　〔1〕金属管とアウトレットボックスとの接続 …………………… 48
　　　　〔2〕金属管とアウトレットボックスの接地工事 ………………… 49
　　　　〔3〕メタルラス壁の貫通部分の防護工事 ………………………… 50
　　　　〔4〕引掛シーリングへの結線方法 ………………………………… 50
　　　　〔5〕差込み形コネクタによる終端箇所における接続 …………… 51
　2-5 単位作業の練習習熟度チェック法 …………………………………… 52
　　　　〔1〕単位作業全体に対するチェック法 …………………………… 52
　　　　〔2〕電線の接続方法に関してのチェック法 ……………………… 53
　　　　〔3〕各種器具への結線に関してのチェック法 …………………… 54
　　　　〔4〕電線管に関してのチェック法 ………………………………… 56
　　　　〔5〕ケーブル配線工事に関してのチェック法 …………………… 56
　　　　〔6〕習熟度チェック法 ……………………………………………… 57
　2-6 単位作業試験の練習問題 ………………………………………………… 58
　　　　〔1〕単線結線図を複線結線図に直す ……………………………… 58
　　　　〔2〕電線およびケーブルの切断とケーブル外装および線心被覆の
　　　　　　　むき取り ………………………………………………………… 58
　　　　〔3〕電線接続と器具への結線 ……………………………………… 59
　　　　〔4〕点検と手直し …………………………………………………… 59
　　　　〔5〕自己採点 ………………………………………………………… 60
　　　　練習問題(1)　スイッチ回路に関する問題 ………………………… 60
　　　　練習問題(2)　ラス貫通を含むスイッチ，コンセント回路に関する問題 … 64
　　　　練習問題(3)　ケーブル工事およびスイッチ，コンセント回路に関する
　　　　　　　　　　問題 ………………………………………………………… 66
　　　　練習問題(4)　単相3線式およびパイロットランプに関する問題 ……… 68
　　　　練習問題(5)　3路スイッチに関する問題 ………………………………… 70

3　材料工具選別試験

　3-1 材料工具選別試験とは ………………………………………………… 72
　3-2 材料工具選別試験に必要な知識 ……………………………………… 74
　　　　〔1〕図記号と材料・工具の選び方 ………………………………… 74
　　　　〔2〕金属管・ケーブル工事等に最低必要な知識 ………………… 80

3-3 配線図と材料工具選別法 ……………………………………………… 84
　　材料工具選別試験　練習問題 No 1 ……………………………………… 90
　　材料工具選別試験　練習問題答案用紙 No 1 …………………………… 91
　　練習問題 No 1　完成姿成図・複線結線図 ……………………………… 92
　　練習問題 No 1　解答のポイントおよび解答 …………………………… 93
　　材料工具選別試験　練習問題 No 2 ……………………………………… 94
　　材料工具選別試験　練習問題答案用紙 No 2 …………………………… 95
　　練習問題 No 2　完成姿成図・複線結線図 ……………………………… 96
　　練習問題 No 2　解答のポイントおよび解答 …………………………… 97

4　技能試験の徹底研究
4-1　過去3年間の問題と模範解答 ………………………………………… 98

1 技能試験のあらまし

1-1 筆記試験に合格したら

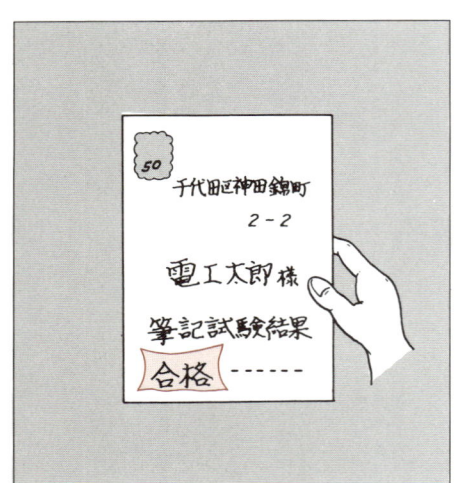

　7月中旬，第二種電気工事士筆記試験の結果が郵送されてきた。自信がなかった電工太郎君であったが，いい本に巡り会って勉強した結果，筆記試験は合格であった。

　しかし，技能試験がいったい「**どんな内容でどんな勉強をしたらよいのか？**」「**技能試験はどんなふうに行われるのか？**」「**どんな工具材料を用意したらいいか？**」といったことがわからなかった。

　本書で勉強をはじめる前に，この技能試験についての説明をしておこう。

　まずはじめに，筆記試験結果通知の見方について説明しておこう。この通知には7月下旬に行われる技能試験の受験番号や試験会場などが書かれている。

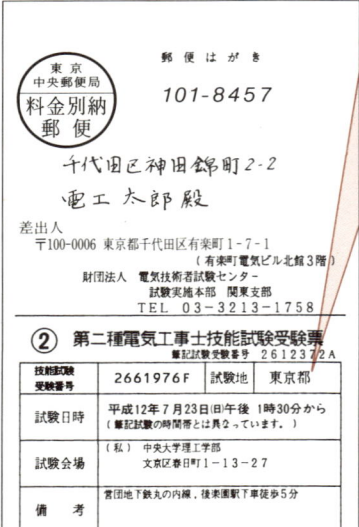

技能試験の日時・試験会場・受験番号（筆記試験とは異なる）が書かれている。

技能試験に必要な工具や受験上の注意事項が書かれている。

図1・2　　　図1・3

[1] 技能試験はどんな内容の試験なのか？

ハガキを手にした電工太郎君は，技能試験は実技だから工具が必要なわけはわかるが，「**なぜHBの鉛筆やプラスチック消ゴムを試験に持っていくのか？**」「**何に使うのか？**」よくわからない。技能試験で筆記試験のような問題がまた出るのではと考えこんでしまった。

技能試験は，「**単位作業**」と「**材料工具選別試験**」の2つの試験に分けられる。

1．単位作業　電線相互の接続・配線器具への結線を結線図どおりに，与えられた材料を使用して定められた時間内に実際に施工する作業。

2．材料工具選別試験　単線結線図から施工するに当たり必要な材料やその数量・工具を，別に与えられた材料・工具の写真から選び解答用紙に記入する試験。

2つの試験は別々のものでなく，材料工具選別試験は単位作業で行うことのできない工事方法やその施工に必要な知識についての試験である。

技能試験に合格するには，2つの試験の両方ができなければならない。

[2] 技能試験に合格するにはどんな勉強をしたらよいのか？

「単位作業」と「材料工具選別試験」の内容はある程度理解できたが，それではいったいどんな勉強をどのような内容で行ったらよいか，途方に暮れる電工太郎君である。

「単位作業」に合格するためには，はじめに工具を**使いこなし**，電線と**親しみ**，器具と**仲良くする**ことが重要である。

(1) 「単位作業」の勉強の手順

1．電線相互の接続

　IV線やFケーブルを使ってろう付けの必要な接続法（直線接続・ねじり接続・とも巻接続・分岐接続）やスリーブ等を使った接続法を繰り返し練習し，電線と親しむとともに接続に必要な被覆のむき取り長さを体で覚え，工具（特に，電工ナイフ・電工ペンチ）を使いこなす。

2．配線器具の結線

　レセプタクルやスイッチ・コンセント等の配線器具への結線（特にワッシャーの作り方）の知識を勉強し，さらに繰り返し練習する。特に，Fケーブルの外装のむき取り長さ等をしっかり覚える。

3．単線結線図の複線化

　いろいろな組合せの単線結線図を複線化する練習をし，さらに単線結線図から完成姿成図が描けるようにする。

4．単位作業の練習

　練習問題を繰り返し練習する。
　時間等を正確に計り，時間内に完成できるまで練習をするとともに自分で採点してみる。

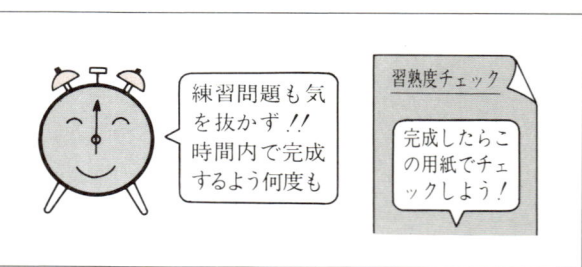

（2）「材料工具選別試験」の勉強の手順

1．単線結線図の複線化

「単位作業」で勉強した単線結線図をさらに複雑にしたものの複線化

2．各種工事法による材料の選別の方法

金属管工事・がいし引き工事・合成樹脂管工事とそれらの付属品の使い方（カップリングを必要とする距離やリングレジューサの必要なとき）

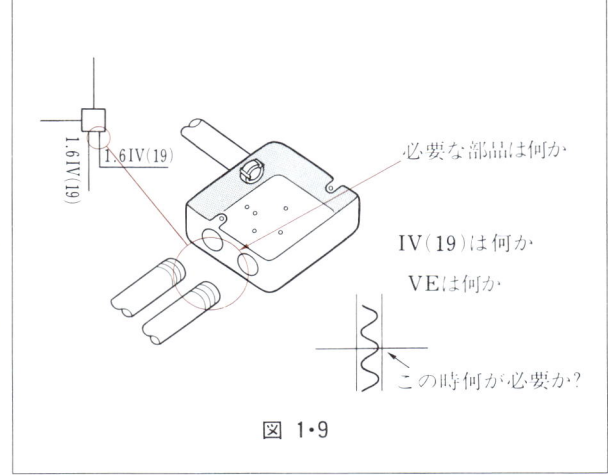

図 1・9

3．スリーブ類と器具の選別法

リングスリーブ等は電線の太さや接続する電線の本数により大きさが異なるので、それらの選別法をしっかり理解し、露出器具と埋め込み器具などの区別についてもよく理解しておく。

4．工具の使用法

工具の使用用途をしっかり理解する。

5．問題の反復練習

練習問題や既往問題を繰り返し練習する。

1-2 技能試験の流れと必要な工具

電工太郎君は,「技能試験がどのような流れで行われるのか」,「材料工具選別試験」と「単位作業」はどちらが先に行われるのかなど,やはり知っておきたいと考えた。

[1] 試験会場へ行く時間

技能試験会場は,時間がくるまで試験教室には入室できないが少し早めに会場に到着しておこう。

① 受験番号別に試験教室が違うので,試験会場にある掲示をみて必ず確認をしておこう。
② 受験票の紛失等は,事故係があるのでそこへ申し出よう。

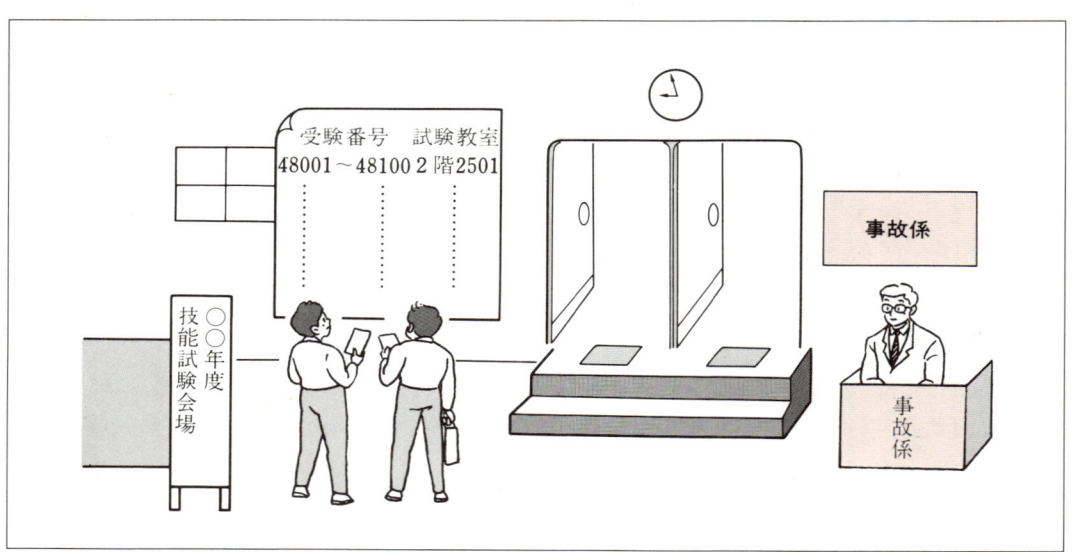

注　意

1．技能試験に持ってゆくものをチェックすると,
　① 受験票に記載された工具類(特に,圧着ペンチは確認しておくこと)
　② 筆記用具(マークシートに記入するので,HBの鉛筆をできれば2本以上,プラスチック消ゴム)
　③ 会場は試験中かなり暑いので,タオルや手拭を用意するとよい。
2．技能試験が始まる前に免状の申請書が配布されるので,忘れずに持ち帰ろう。

[2] 材料工具選別試験（10:00～10:25）

　技能試験は，まず材料工具選別試験から行われる。配布されるものは，マークシート，写真，問題である。このとき，卓上にはHBまたはBの鉛筆2本（万一のため），消ゴム（プラスチック消ゴム），受験票をそろえておく。試験教室には，監督者と試験問題などを配布したりする人が数人いる。配布が終わった頃，放送で注意が始まる。

　試験開始までにマークシートに受験番号等を記入するように指示があるので，間違いなく記入する。

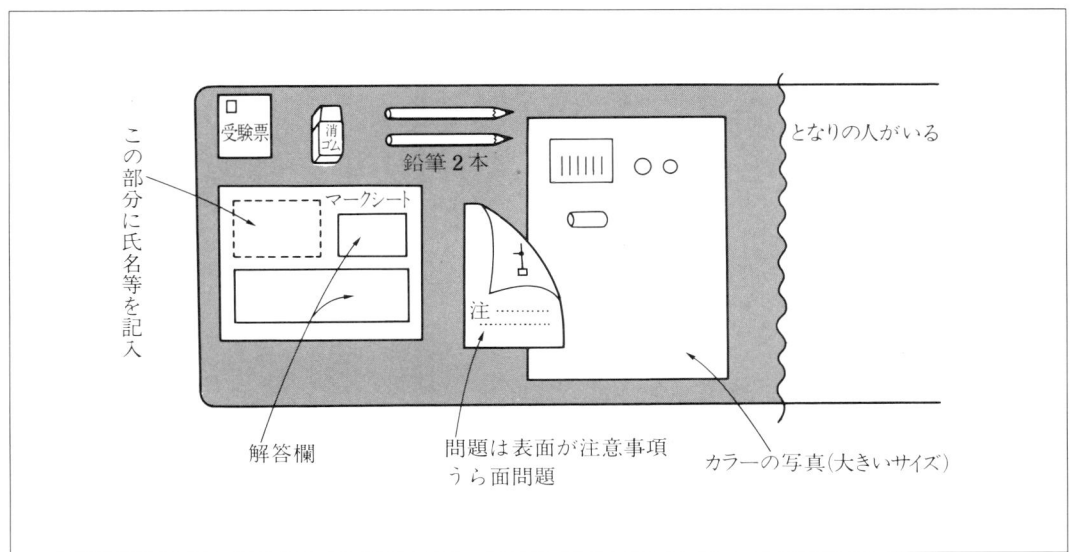

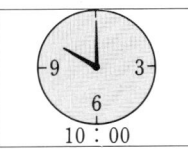

　「はじめ」の合図でマークシートに必要な材料と数量，工具等を記入する。時間は十分あるから落ちついてマークをする。また，間違い箇所はプラスチック消ゴムできれいに消すこと。

　時間があまったら必ず見直しをしよう。

　「やめ」の合図で終了して，マークシートを回収するので待っている。このとき，試験監督者が2人増えている。

12　第1章　技能試験のあらまし

[3]　単位作業 (10:50～11:15)

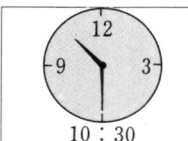

　机の上に30cm角の大きさの厚紙,「午前」と印刷された材料の入った箱,問題,荷札が配布されている間に,自分の持参した工具を机の上に出して用意をする。

　放送の注意に従い,荷札へ氏名と受験番号を記入したり材料確認を行う。しばらくすると「はじめ」の合図がある。

　材料を確認する時は,箱を開けてビニル袋に入っている材料を取り出してFケーブルの長さや配線器具類のネジが廻るかまでを調べよう。材料の不足や不良と思ったら試験開始前に監督者へ伝えて代替品をもらうこと。

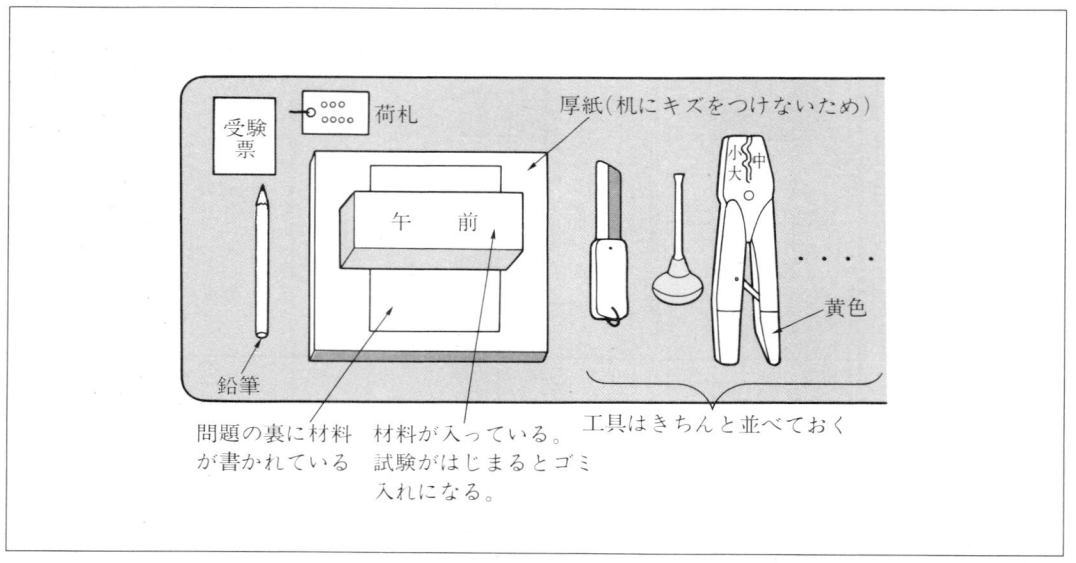

　試験中,配線器具類のネジ等を机の下に落したりしないように材料の入っていた箱を有効に使うとよい。

　完成したら形を整えてもう一度チェックしよう。

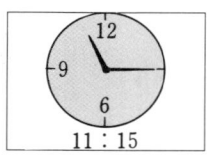

　「やめ」の合図があり,完成した物に先ほど氏名等を記入した荷札をつけ,残材を箱にしまい退室するように指示が出る。

　受験生が退場後,試験教室では2人の後から増えた監督者が採点を開始する。1つ1つ正確に2人で採点を行っていく。

　採点後,会場は午後の試験 (13:00) の準備が行われる。

［4］ 工具・材料を揃えよう

「工具や材料は，何をどこで揃えたら良いのか？」街に出た電工太郎君は困ってしまいました。

本書で勉強して合格しようと考えている諸君は，次の工具・材料を揃えよう。

① 工具は，技能試験（単位作業）の勉強に使い，さらに試験にも使う次のものを用意すること。

表 1・1

工具名称	購入時の注意事項
電工ペンチ　　大　175 mm 　　　　　　　小　155 mm	大小2本を用意する。ペンチは，握り部分にビニル等が巻き付けてあり握りやすいもの。
電工ナイフ	折りたたみ式のものでよい。現場で使うFケーブルの外装を剥ぐための機能がついたナイフは避ける。
電工ドライバー　　＋（プラス） 　　　　　　　　　－（マイナス）	握りが大きくて，－ドライバーは刃幅が6 mm程度で刃厚が0.6 mm程度のもの。＋ドライバーはあまり先端の尖っていないもの。
リングスリーブ用圧着ペンチ （JIS C 9711-1982 適合品）	圧着したときに，リングスリーブに刻印のつくもの。 ［見分け方］圧着ペンチの先端に，特小・小・中・大と明記され，握り部分の色が黄色のもの。
プライヤー	ポンププライヤー等でよい。
スケール　　1 m 程度	折り尺でよいが，巻尺等があれば代用できる。

工具は，金物店やホームセンターなどで購入することができる。

② 本書で勉強して，練習するために必要な材料と数量は，次のとおりである。

表 1・2

材料名	種類と数量
絶縁電線類	1.6 mm　600 V　ビニル絶縁電線（通称：IV線）　　　　　　　　　　30 m 程度 1.6 mm　600 V　平形ビニル外装ケーブル2心（通称：2心Fケーブル）　40 m 程度 1.6 mm　600 V　平形ビニル外装ケーブル3心（通称：3心Fケーブル）　15 m 程度 0.9 mm　鉄バインド線（なければ1 mm程度のビニル被覆した針金）　　5 m 程度
配線器具類	露出形タンブラ（片切）スイッチ，3路スイッチ，接地極付きコンセント， 　　　コンセント，ランプレセプタクル，引掛けローゼット　　　　　各　1個 連用形タンブラ（片切）スイッチ，3路スイッチ，接地端子，コンセント， 　　　パイロットランプ，取付枠　　　　　　　　　　　　　　　　各　2個
スリーブ類	Sスリーブ（1.6 mm用）：40本　　・差込形コネクタ（2, 3, 4本用）：各10個 リングスリーブ（小）：100個（1箱）　・ワイヤコネクタ（Bキャップ）：20個
その他	○端子付きジョイントボックス：1個　○合成樹脂管（16 mm塩ビ管）：15 cm程度 ○埋込用スイッチボックス（金属製）：1個　○ゴムブッシング（19 mm用）：10個 ○アウトレットボックス（金属製）：1個　○金属管とロックナット・ブッシング

材料は，電材店や電気工事をやっている家電販売店で「第二種電気工事士を受けるので材料を分けて欲しい」と頼むとよい（ホームセンターでもほとんどのものが購入できる）。

② 単位作業試験

2-1 電線の接続法

[1] 電線被覆のむきとり寸法，むきとり方法，ペンチの使用方法

　IV 線（600 V ビニル絶縁電線）の被覆のむきとり寸法は，接続法によって違ってくるので，図2・1〜図2・13までを参考にする。実際に何度も練習することによって自然に身に付いてくるので，よく練習すること。むきとり寸法は，斜削りむき（図2・1）と段むき（図2・2）の2とおりがある。ペンチの使用方法については，図2・3に示した。

　単位作業は，何よりもまず，慣れることである。実際に何度も練習してほしい。

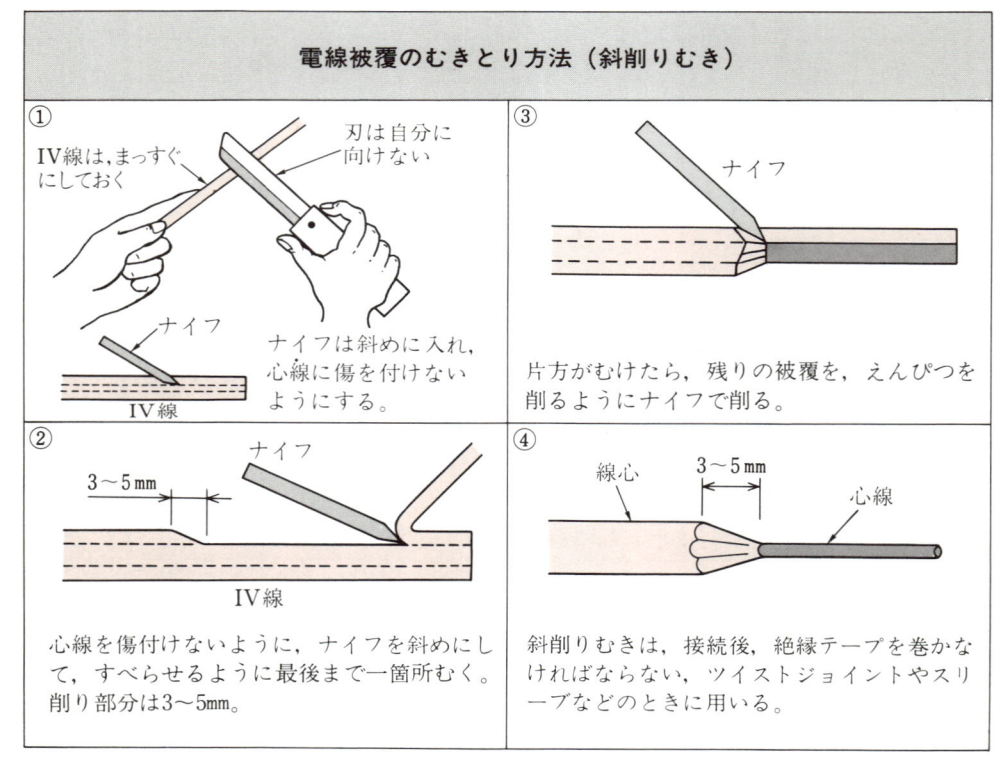

図 2・1　IV 線の被覆のむきとり方法（斜削りむき）

2・1 電線の接続法　15

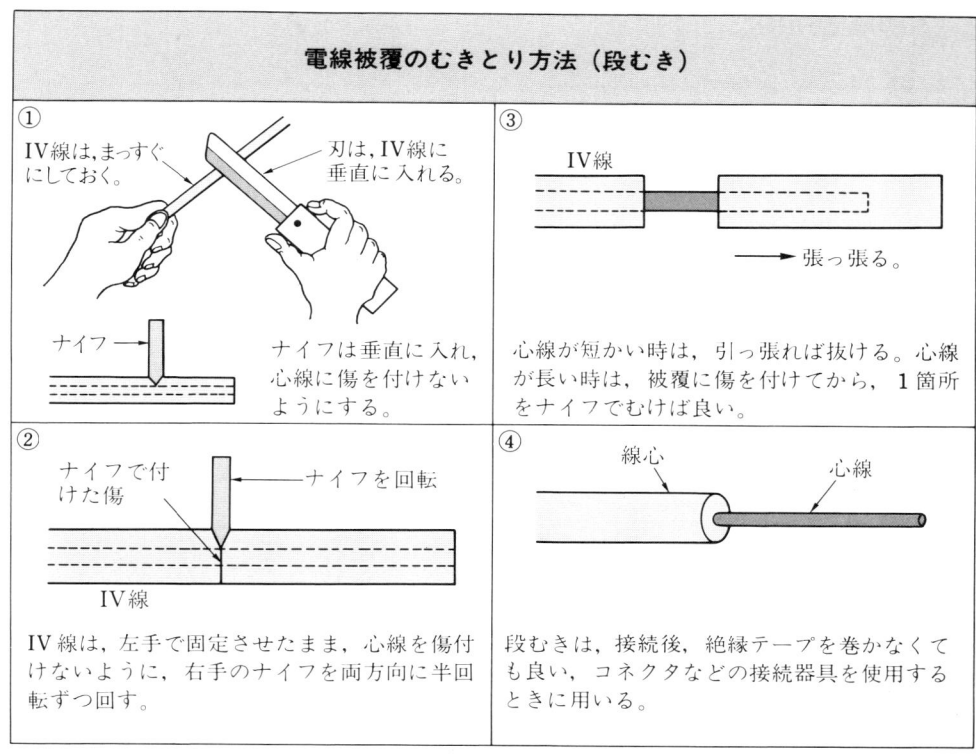

図 2・2　IV線の被覆のむきとり方法（段むき）

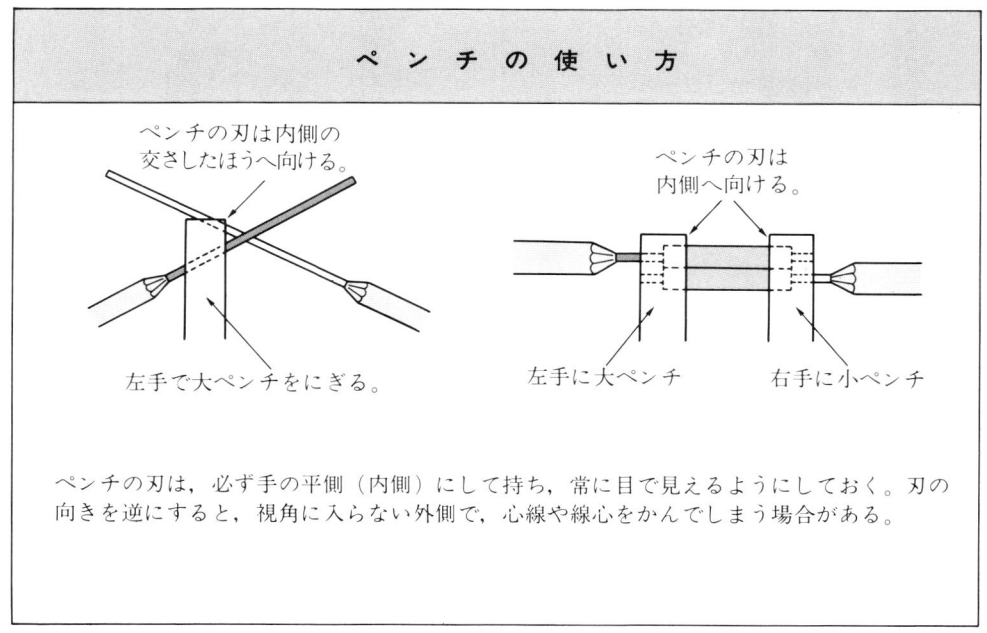

図 2・3　ペンチの使い方

[2] 直線箇所における接続

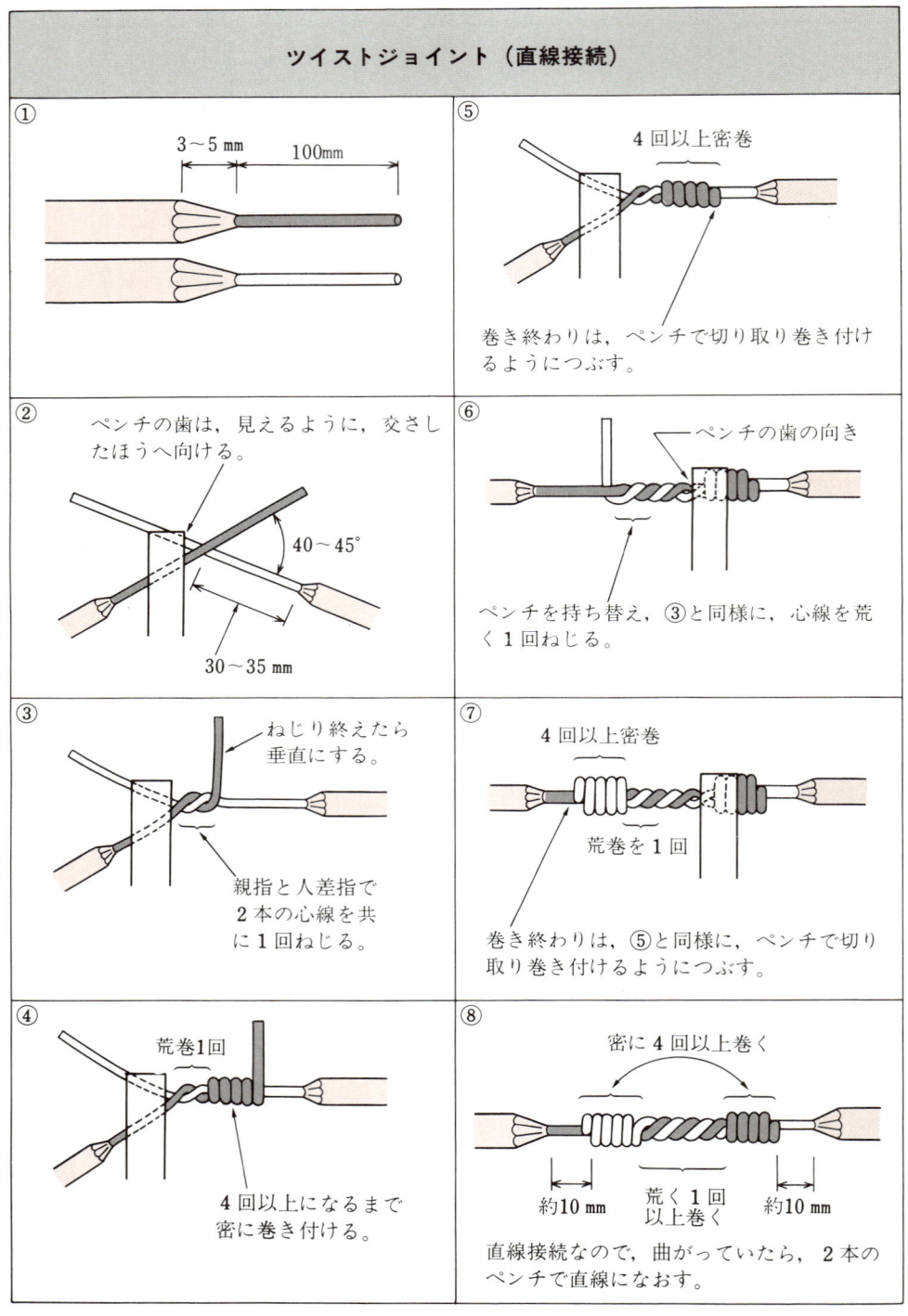

図 2・4 ツイストジョイントによる直線接続

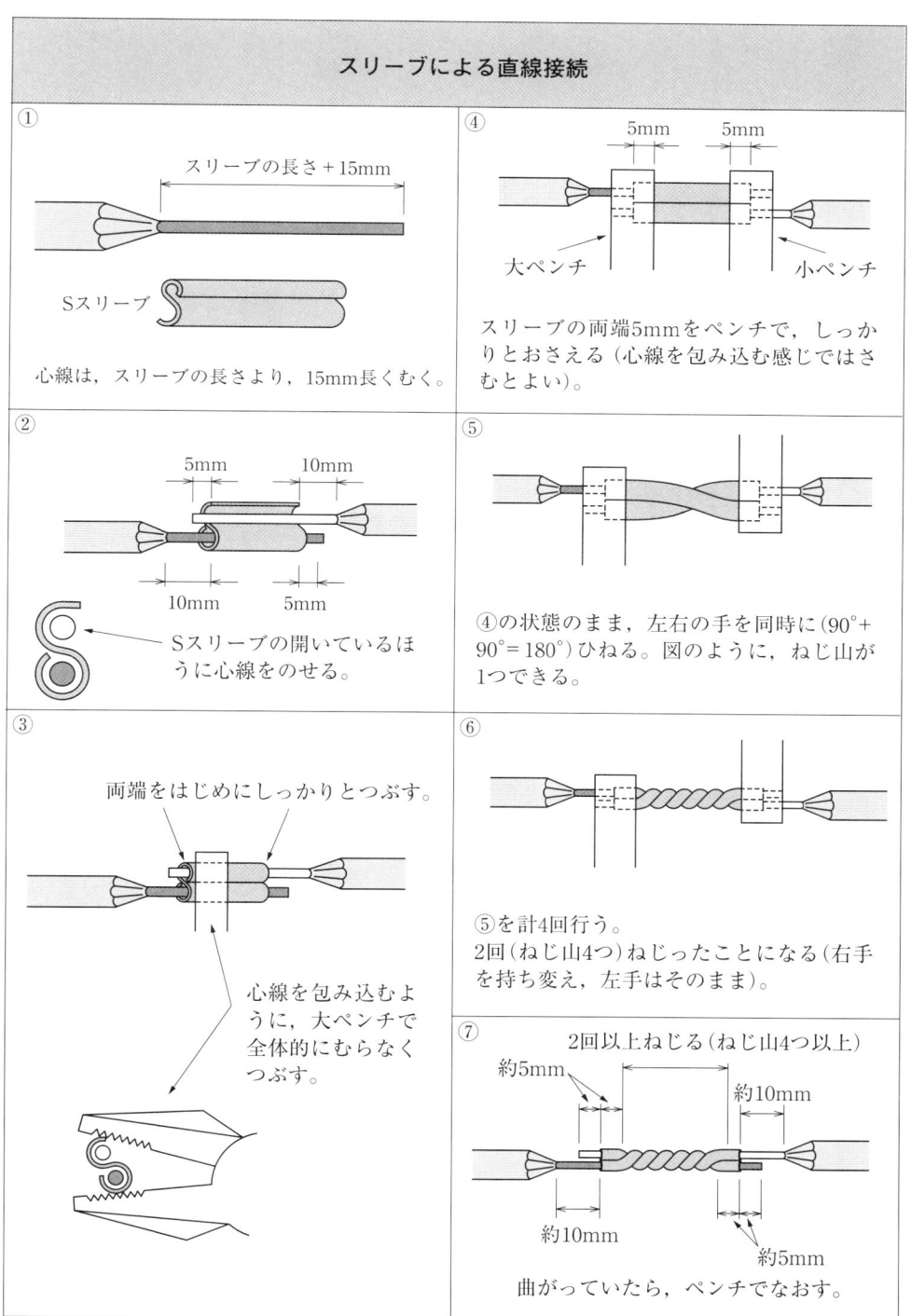

図2・5 スリーブによる直線接続

[3] 分岐箇所における接続

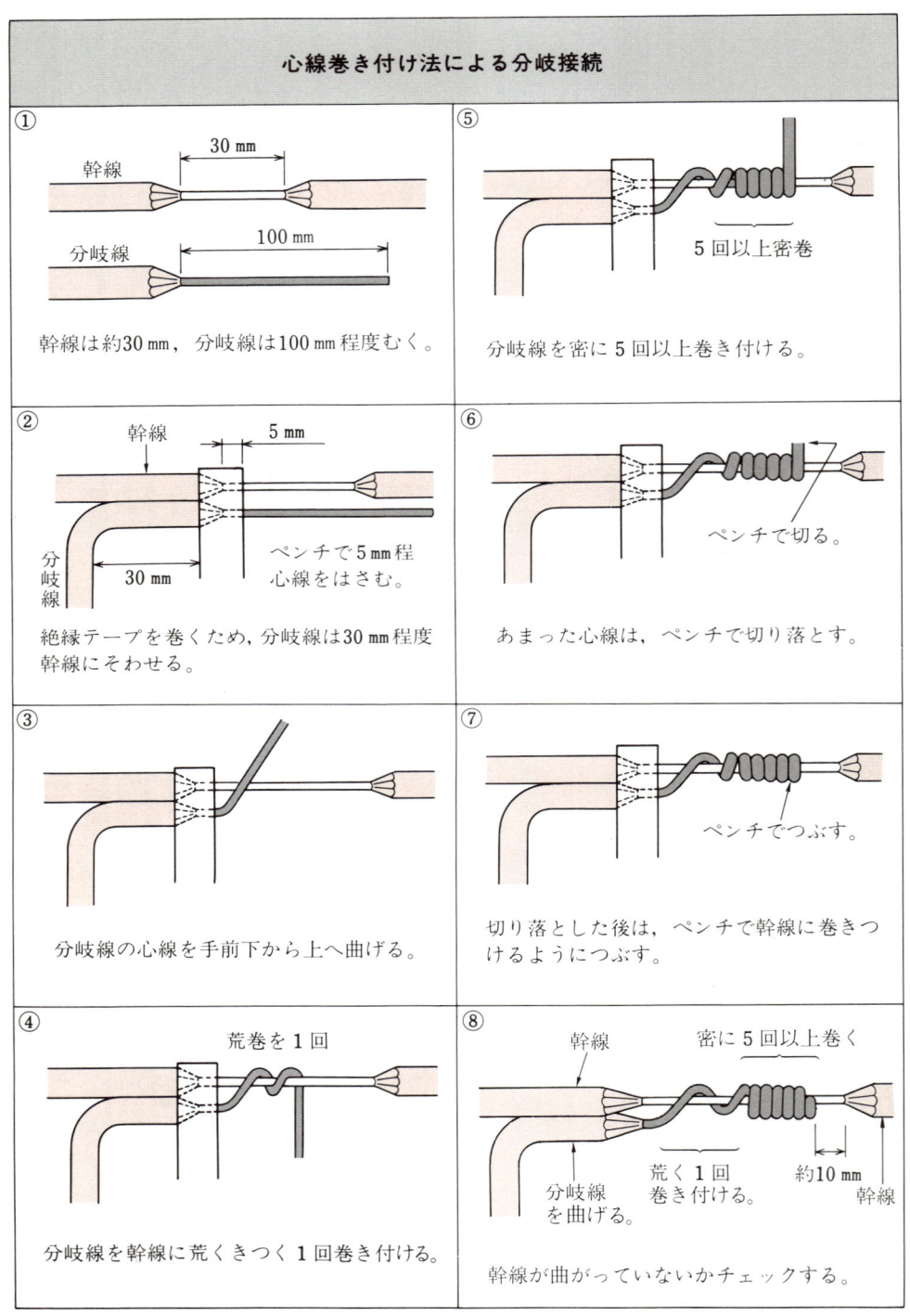

図 2・6 心線巻き付け法による分岐接続

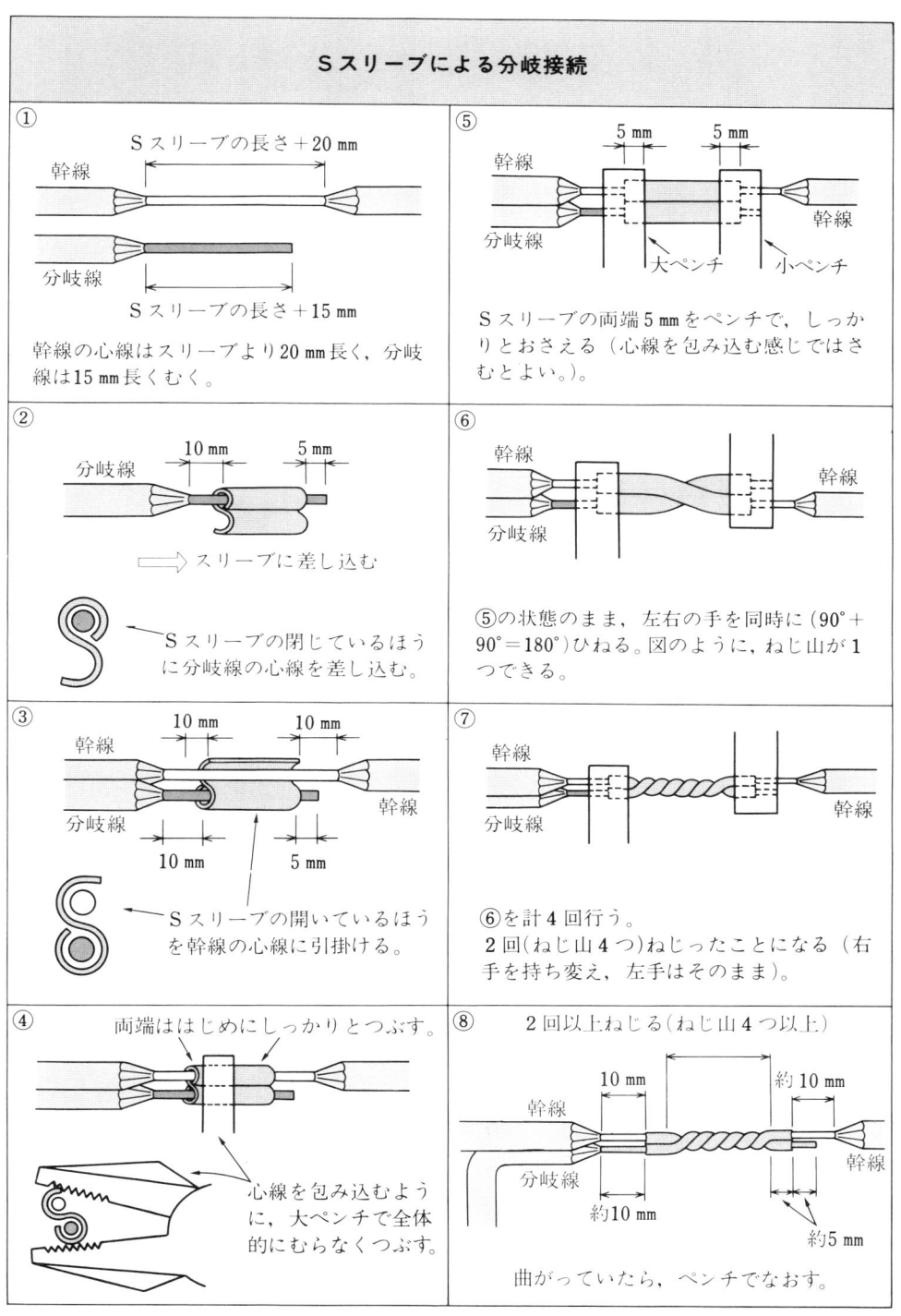

図 2・7　S形スリーブによる分岐接続

[4] 終端箇所における接続

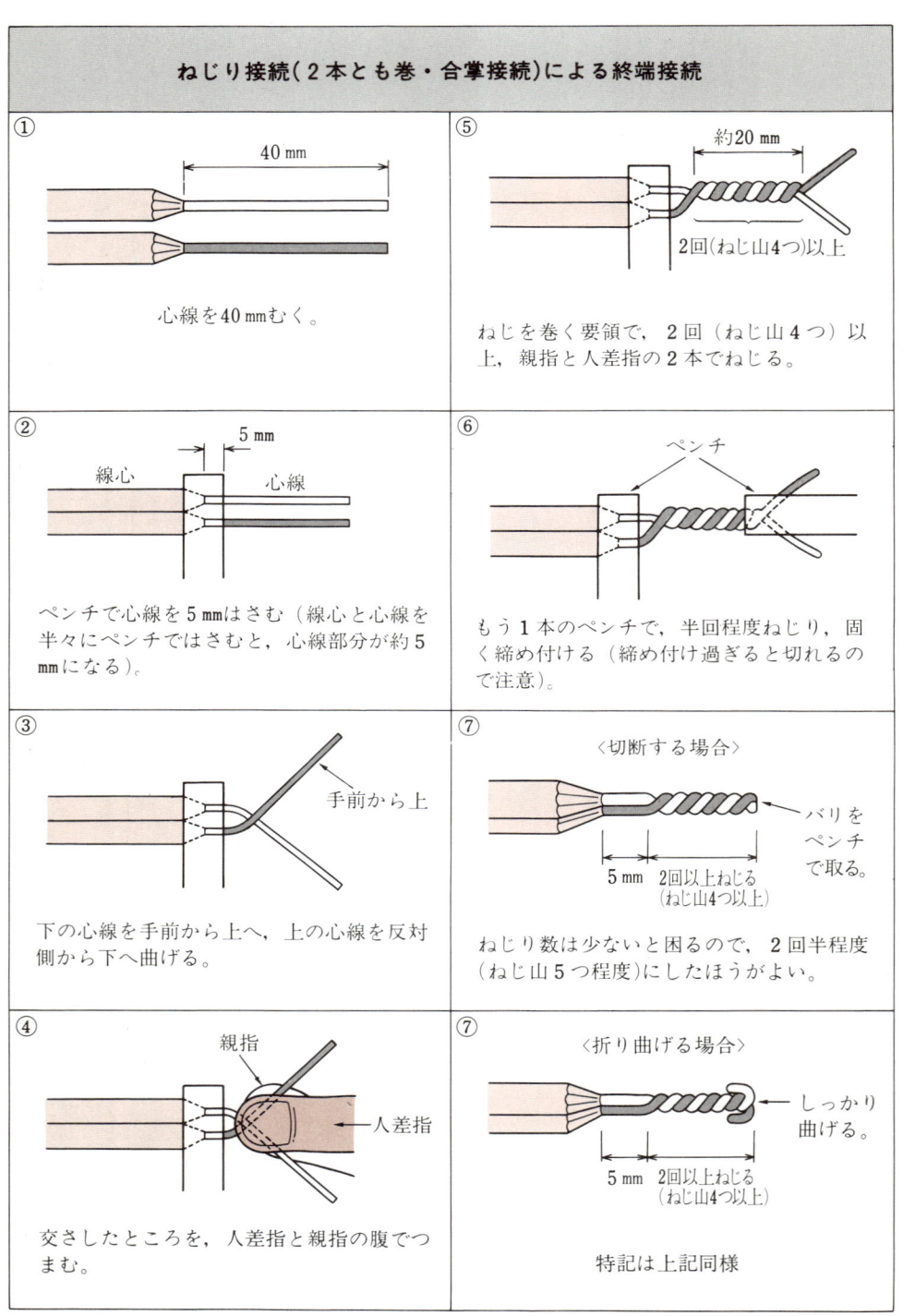

図 2・8　ねじり接続による終端接続

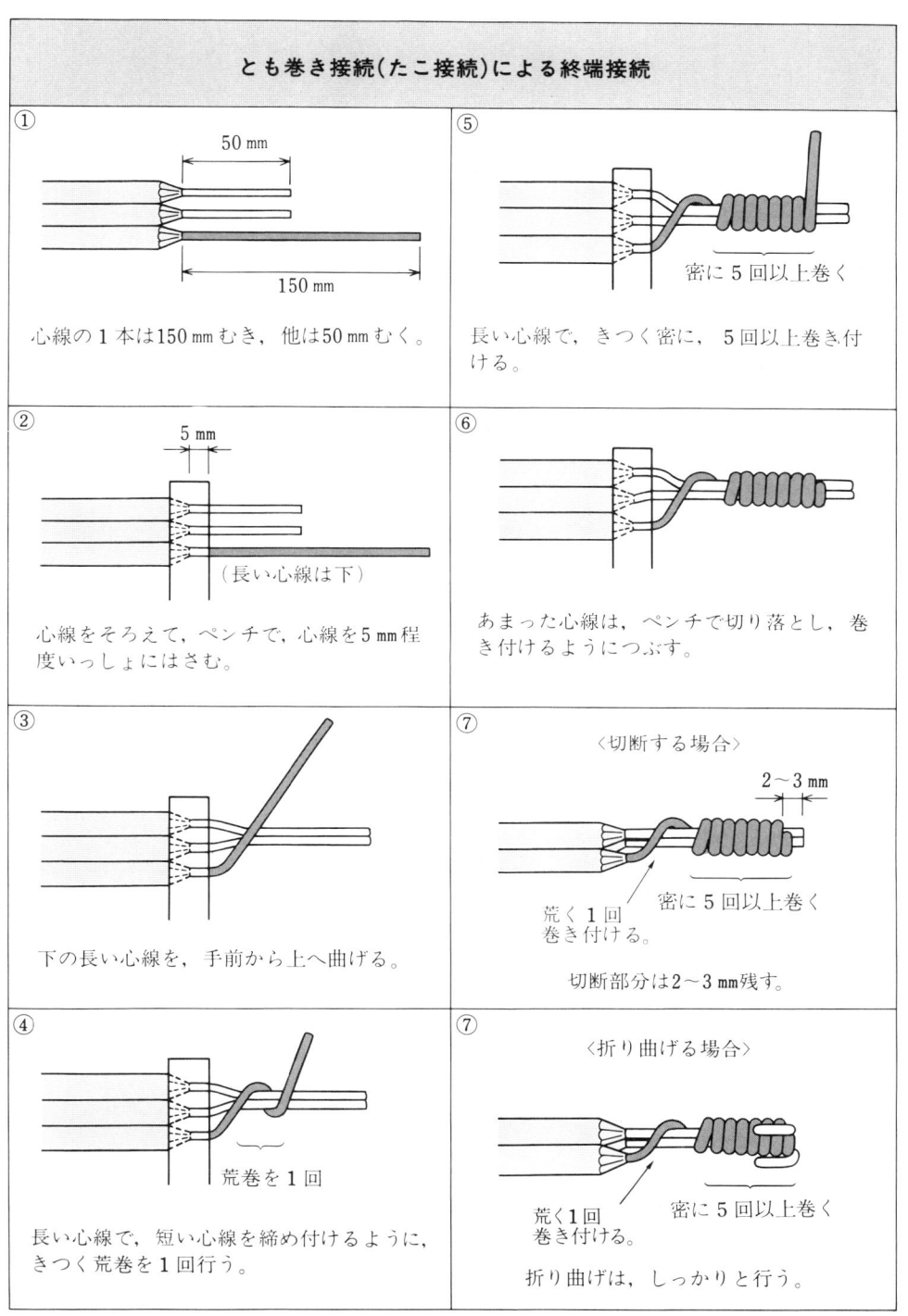

図 2・9 とも巻接続による終端接続

[5]　終端箇所における接続

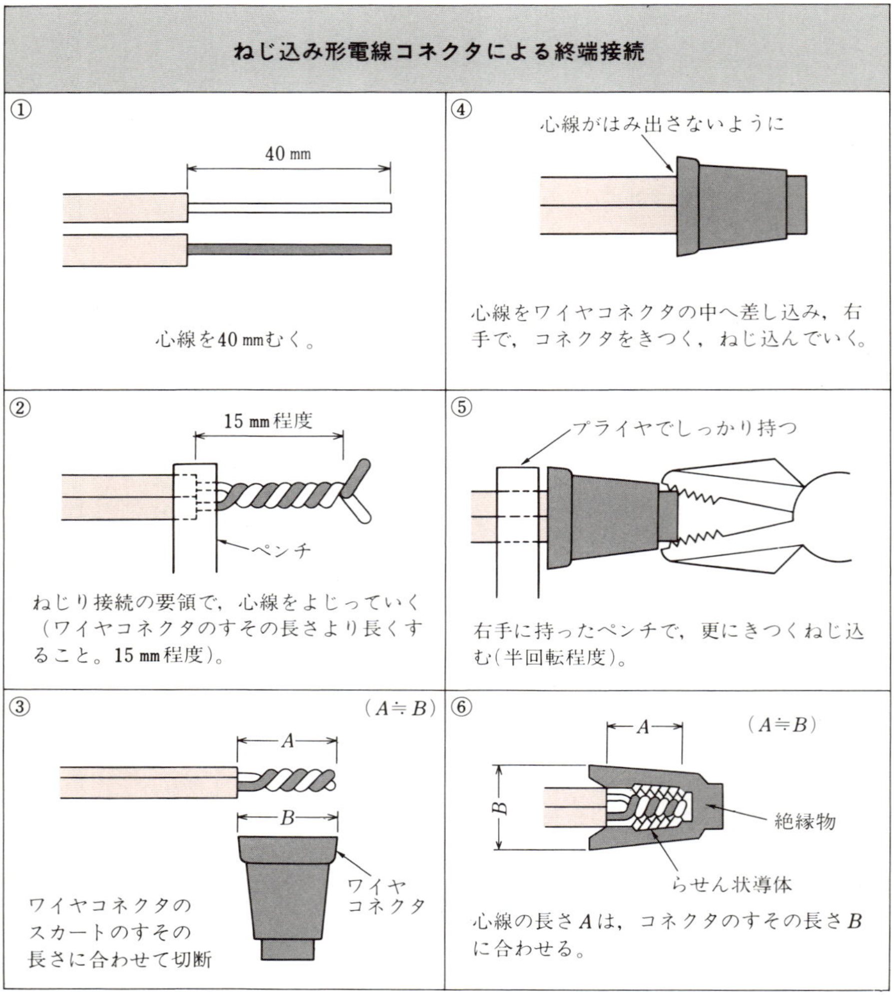

ねじ込み形電線コネクタによる終端接続
①
40 mm
心線を40 mmむく。
④
心線がはみ出さないように
心線をワイヤコネクタの中へ差し込み，右手で，コネクタをきつく，ねじ込んでいく。
②
15 mm程度
ペンチ
ねじり接続の要領で，心線をよじっていく（ワイヤコネクタのすその長さより長くすること。15 mm程度）。
⑤
プライヤでしっかり持つ
右手に持ったペンチで，更にきつくねじ込む(半回転程度)。
③
(A≒B)
A
B
ワイヤコネクタ
ワイヤコネクタのスカートのすその長さに合わせて切断
⑥
A
(A≒B)
B
絶縁物
らせん状導体
心線の長さAは，コネクタのすその長さBに合わせる。

図 2・10　ねじ込み形電線コネクタによる終端接続

黄色を選ぶ

○開くとき………「カチッ」と音がするまでにぎらないと開かない（バネの力で急に開くので注意すること）。
○圧着するとき…「カチッ」と音がするまで，強くにぎる(リングスリーブの中央)。

図 2・11　圧着ペンチ

（刻印大）（刻印小）
大
小
中
（刻印中）
特小1.6×2
（刻印○）

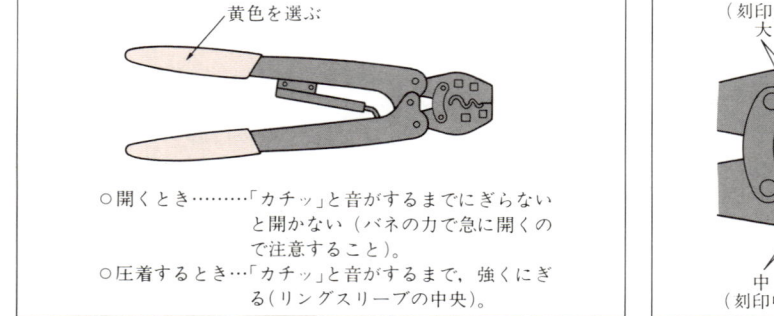

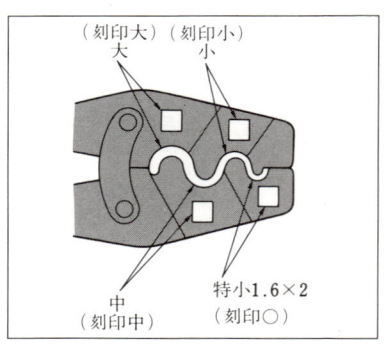

図 2・12　先端部

2・1 電線の接続法　23

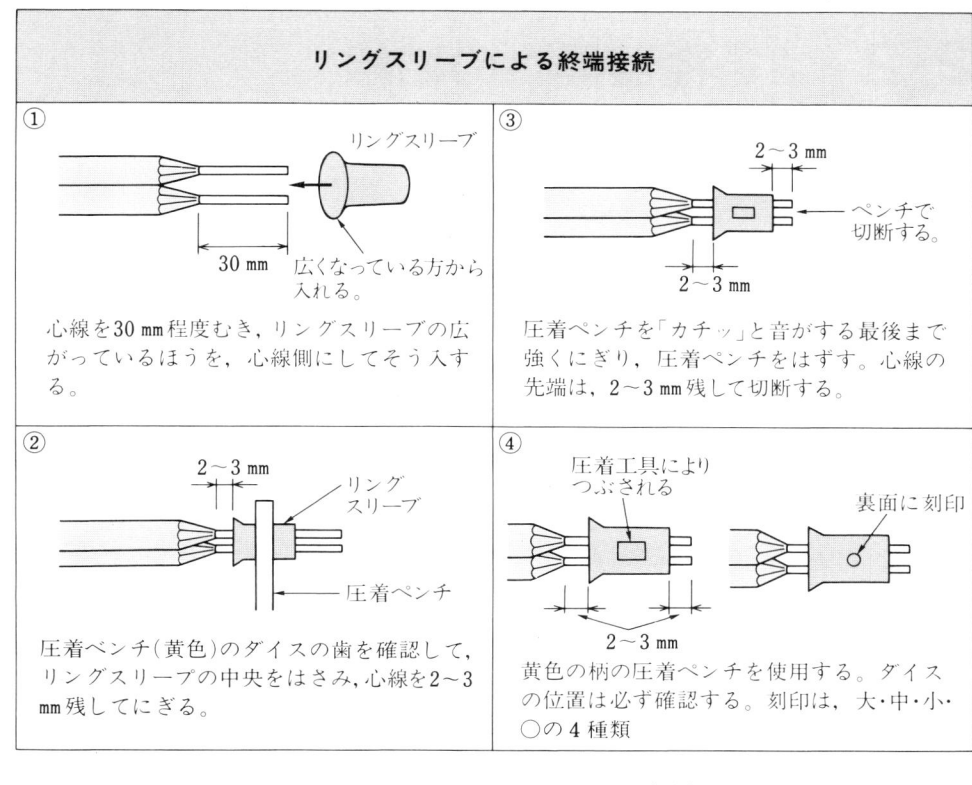

リングスリーブによる終端接続			
① 心線を30mm程度むき，リングスリーブの広がっているほうを，心線側にしてそう入する。		③ 圧着ペンチを「カチッ」と音がする最後まで強くにぎり，圧着ペンチをはずす。心線の先端は，2～3mm残して切断する。	
② 圧着ペンチ（黄色）のダイスの歯を確認して，リングスリーブの中央をはさみ，心線を2～3mm残してにぎる。		④ 黄色の柄の圧着ペンチを使用する。ダイスの位置は必ず確認する。刻印は，大・中・小・○の4種類。	

図 2・13　リングスリーブによる終端接続

リングスリーブ（呼び）	圧着ペンチダイス位置	刻印のマーク	電線の組み合わせ		
			φ1.6 [mm]	φ2.0 [mm]	異なる径の場合 [mm]
小	特小 1.6×2	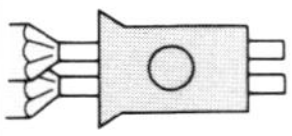 ○	2本	—	1.6×1本 + 0.75mm²×1本 1.6×2本 + 0.75mm²×1本
小	小	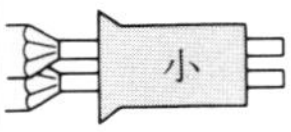 小	3～4本	2本	2.0×1本 + 1.6×1本 2.0×1本 + 1.6×2本
中	中	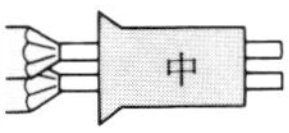 中	5～6本	3～4本	2.0×1本 + 1.6×3～5本 2.0×2本 + 1.6×1～3本 2.0×3本 + 1.6×1本
大	大	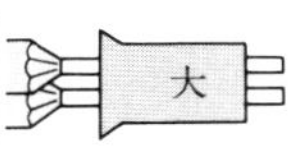 大	7本	5本	2.0×1本 + 1.6×6本 2.0×2本 + 1.6×4本 2.0×3本 + 1.6×2本 2.0×4本 + 1.6×1本

表 2・1　リングスリーブの種類と電線の組み合わせ

● 差込形コネクタによる終端接続は51ページ参照。

2-2 各種器具への結線

[1] ランプレセプタクルなど器具への結線の基本作業

シンボル
VVF —R—

（1） 平形ビニル外装ケーブルの被覆の剝き取り方法

作業の手順	分解図と説明
① ケーブル外装に切り込みを入れる	電工ナイフでケーブル外装周囲に被覆の2/3程度の切り込みを入れる。 図2・14 外装の切り込み
② 外装縦方向に切り込みを入れる	ここから被覆をむき取る。被覆の2/3程度切り込みを入れる。被覆をすべて切る。 図2・15 外装縦方向に切り込みを入れる。 ケーブルでは、2心（線心色黒，白）と3心（線心色黒，白，赤）が出題されている。 　ナイフの刃の位置は、線心間であれば色の種類は問わないが、外装周囲切り込みからケーブルの末端近くまで被覆の2/3程度の切り込みを入れる。ケーブルの末端は被覆をすべて切る。線心に切り傷を付けないようにするのがポイントである。
③ 外装を引っ張って取る	ケーブルの末端から外装を引っ張り、被覆をむき取る。あるいは、外装周囲切り込み部分から、外装を引っ張り、被覆をむき取る。

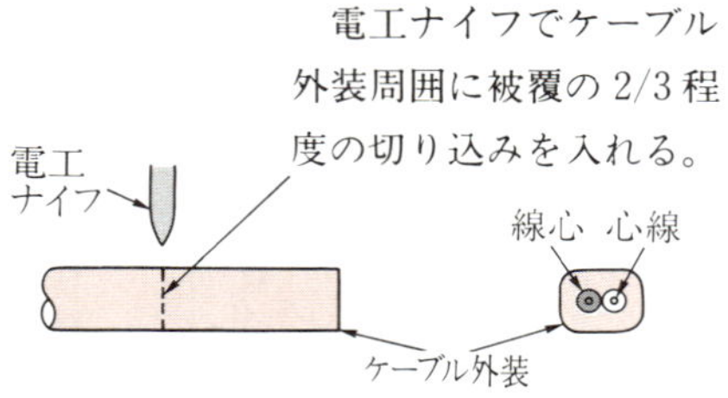

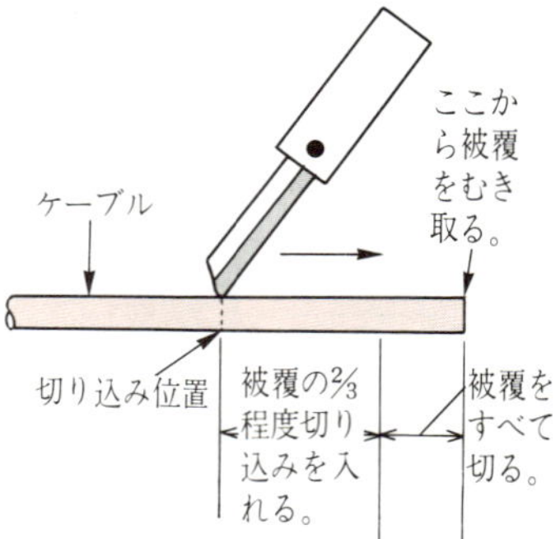

（2） ランプレセプタクルへの結線

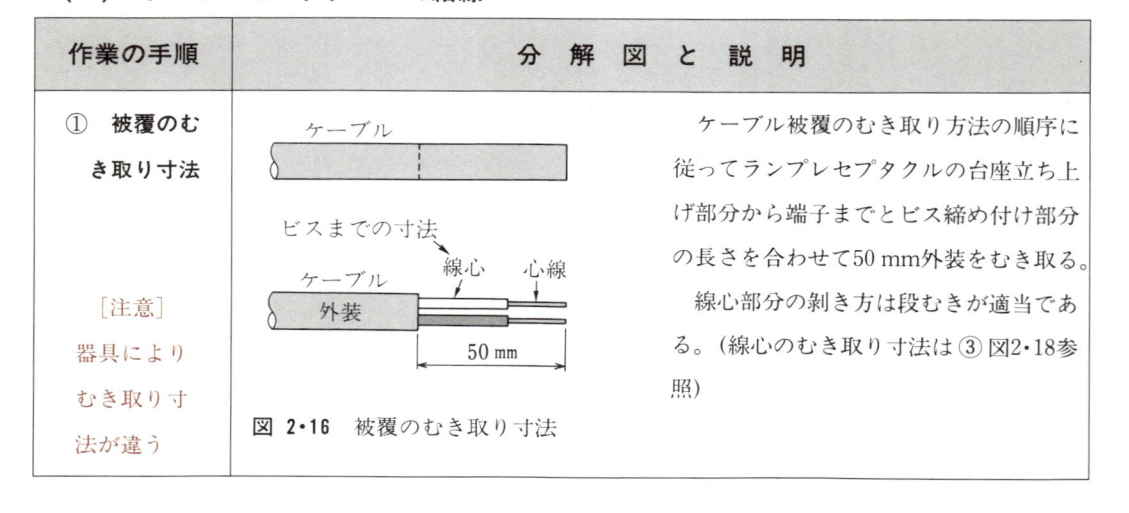

作業の手順	分解図と説明
① 被覆のむき取り寸法 ［注意］ 器具によりむき取り寸法が違う	ビスまでの寸法　線心　心線 ケーブル　外装　50 mm 図2・16 被覆のむき取り寸法	ケーブル被覆のむき取り方法の順序に従ってランプレセプタクルの台座立ち上げ部分から端子までとビス締め付け部分の長さを合わせて50 mm外装をむき取る。 　線心部分の剝き方は段むきが適当である。（線心のむき取り寸法は③図2・18参照）

作業の手順	分解図と説明

② 心線の輪の作り方

端子へのビス締め付け部分の心線の輪の作り方は，図 2・17 の(1)～(4)の順に進める。特に，(2)の心線を直角に曲げるところおよび(3)のペンチの先で心線を 1 mm 程度はさんで輪を作る所がキレイに早くできるポイントである。試験に必ず出るので何回も練習しておいてほしい。

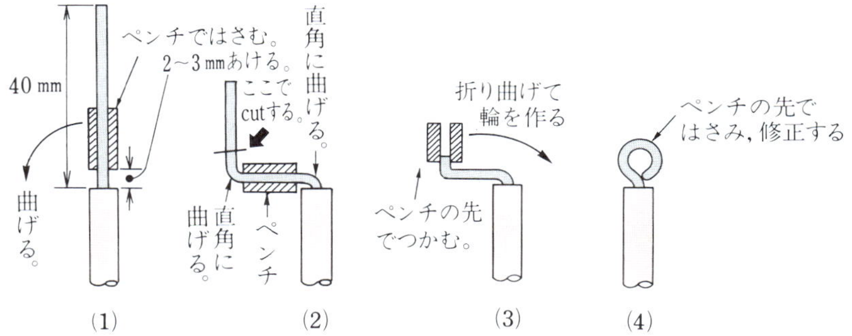

図 2・17 心線の輪の作り方の練習

③ ランプレセプタクルへの結線

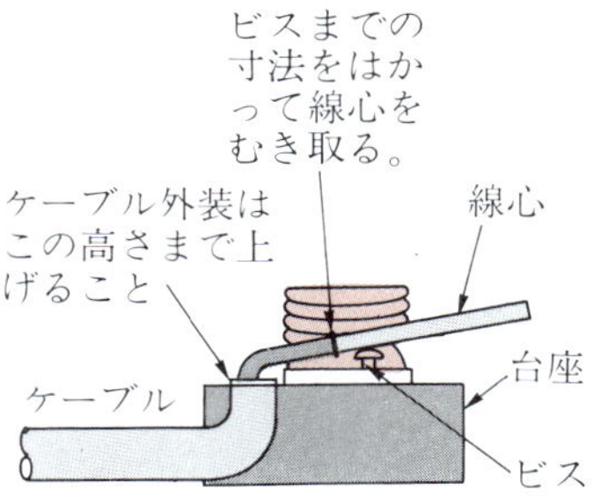

図 2・18 のように，ランプレセプタクルのケーブル挿入部分から電源の接地側，非接地側に注意しながら前記ケーブルを台座立ち上げ部分までそう入する。

図 2・19 のように，端子の極性は，右側端子が非接地側－黒線（ソケットの真ん中に接続され，これに触ると感電する），左側端子が接地側－白線（ソケットの外側に接続されている）である。

図 2・18 ケーブルそう入部分

＊ケーブル外装をランプレセプタクルへ挿入する場合は，器具端子の極性に注意して結線すること。
＊心線の輪の正しい作り方をしっかり記憶しておくこと。

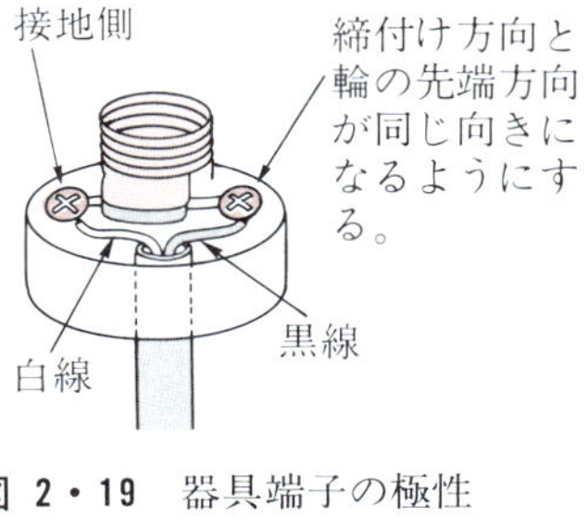

- 右まき（のの字）
- ¾以上巻く。
- ビスの頭より出ないこと。
- 重ねて巻かないこと。
- 導体が少し見えること。

図 2・19 器具端子の極性

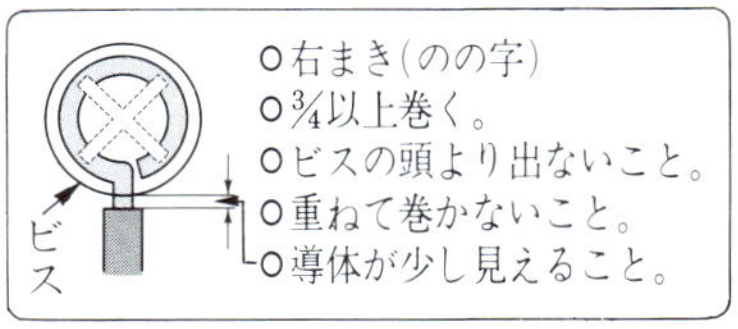

［2］ 露出形コンセントと露出形スイッチへの結線方法

作業の手順	分解図と説明
① 被覆のむき取り寸法 ［注意］ 器具によりむき取り寸法が違う ② 露出コンセントへの結線	図 2・20 被覆のむき取り寸法 台座立ち上げ部分から端子までとビス締め付け部分の長さを合わせて 50 mm 外装をむき取る（線心のむき取りは段むきとする）。 　この後，露出コンセントのケーブル挿入部分から電源の接地側，非接地側に注意しながらケーブルを挿入する。ビスまでの寸法をはかって線心をむき取る。 　なお，露出コンセントへの結線に関しては，穴の大きい左側の方が接地側で白線を，穴の小さい右側の方が非接地側で黒線を結線する。 　図 2・21 に結線の完成姿成図を示す。線心の被覆のむき取り，輪の作り方，ビスの締め付け方はランプレセプタクルの場合と同様である。 図 2・21 露出コンセントへの結線
③ 完成した作品のチェック	［作業手順の確認］ ①ケーブル外装の先端から 50 mm の所に外装周囲に被覆厚さ 2/3 程度の切り込みを入れる。 ②外装および線心をむき取る（線心のむき取りは段むきとする）。 ③ケーブルを器具穴に挿入し，ビスまでの寸法をはかって線心をむき取る。 ④心線を直角に曲げる。 ⑤心線の先端をペンチの先端ではさみ右方向の輪を作る。 ⑥心線の輪を端子にビス留めし，輪がビスの頭からはみ出したりしていないことをチェックする。 ＊ケーブルの結線に関して，施工上の注意を十分頭にいれてから作業をしなさい。

2・2 各種器具への結線　27

（1） 露出片切スイッチへの結線

シンボル
‐‐‐‐VVF‐●

作業の手順	分解図と説明
① 被覆のむき取り寸法 [注意] 器具によりむき取り寸法が違う ② 露出スイッチへの結線	台座の立ち上げ部分から端子までとビス締め付け部分の長さを合わせて50 mm外装をむき取る（線心のむき取りは段むきとする）。 図 2・22 被覆のむき取り寸法 線心の被覆のむき取り，輪の作り方，ビスの締め付け方はランプレセプタクルの場合と同様である。 図2・23に結線の完成姿成図を示すが，器具の電源極性は考慮しなくてよい。 ＊ビスの締め付け方向と同じに心線の輪の向きが右巻きであること。 図 2・23 露出スイッチへの結線

（2） 露出3路スイッチへの結線

シンボル
‐‐‐‐VVF‐●₃

作業の手順	分解図と説明
① 被覆のむき取り寸法 [注意] 器具によりむき取り寸法が違う ② 露出3路スイッチへの結線	台座の立ち上げ部分から端子までとビス締め付け部分の長さを合わせて60 mm外装をむき取る（線心のむき取りは段むきとする）。 　線心の被覆のむき取り，輪の作り方，ビスの締め付け方はランプレセプタクルの場合と同様である。 　図2・25に結線の完成姿成図を示す。 図 2・24 被覆のむき取り寸法 3路スイッチの端子には，共通端子(0)，送り端子(1, 3)がある。一般には， **共通端子（0）**……… 黒色の線心を使用 **送り端子(1, 3)** …… 赤色と白色の線心を使用 図 2・25 露出3路スイッチへの結線

[3] 端子なしジョイントボックス内での結線方法

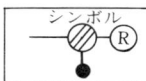

作業の手順	分解図と説明
① 被覆のむきとり寸法	①リングスリーブによる接続 10cm (6cm 4cm) ケーブル　③とも巻き接続 11cm (6cm 5cm)〈まきつけられるケーブル〉 ②ねじり接続 10cm (6cm 4cm)　21cm (6cm 15cm)〈まきつけるケーブル〉 図2・26 被覆のむき取り寸法 　端子なしジョイントボックス内での接続には，リングスリーブによる接続とこれを用いない接続がある。いずれの場合も線心被覆を6cmとし，これに接続部分の心線の長さを合計すればむき取り寸法となる。図2・26に各電線の接続法による被覆のむき取り寸法を示す(線心のむき取りは段むきとする)。 　ここでは，リングスリーブによる接続の場合について説明する。この場合，線心のむき取りは，4cmとして合計10cm外装をむき取る。 ＊線心の寸法は絶縁テープを巻く為にも最低限3cmは必要である。そこで，線心を6cm残しておけば絶縁テープを巻くこともできるし，もし，かりに接続ミスをおかした時でもリカバリーができる。
② ビニル外装ケーブルの外装端の位置	ジョイントボックスの台座／木ねじの穴／A／ケーブル／真上からの図／断面図 ケーブル／6cm 図2・27 外装端の位置 　図2・27のように，いずれのビニル外装ケーブルの外装端も，端子なしジョイントボックスのAの部分まで立ち上がっていることが必要である。
③ ボックス内での結線	図2・28のような結線図では，スイッチでランプレセプタクルを点滅するもので，図2・29に結線の完成姿成図を示す。施工上の注意としてはスイッチの電源側に黒色の線を使用する場合が，多い。 (白)──(白)／電源／(黒)──(黒)──R／(黒)──(白) 図2・28 結線図 試験ではジョイントボックスは省略される 電源／6cm／6cm 6cm／リングスリーブ 図2・29 結線の完成姿成図 　まず，結線図を見ながら線心の色別を決定する。電源の非接地側を黒色線とし，接地側を白色線とすると次のように結線される。 **黒色線**──電源，スイッチ，他の負荷 **白色線**──電源，ランプ，他の負荷 **送り線**──スイッチ(白)，ランプ(黒)

［4］ 端子付きジョイントボックスへの結線方法

作業の手順	分 解 図 と 説 明
① ジョイントボックスの端子位置	図 2・30 端子付きジョイントボックスの台座上 端子付きジョイントボックスの台座上の端子位置は，図2・30のようになっている。3個のビスが共通の金属板で接続されている電極Aおよび同じ構造で対になっている電極B，さらに，この間に2個のビスが共通の金属板で接続されている電極Cで構成されている。
② 被覆のむき取り寸法	図 2・31 被覆のむき取り寸法 端子付きジョイントボックスの台座の立ち上げ部分から電極端子までとビス締め付け部分の長さを合わせて50 mm外装をむき取る（線心のむき取りは段むきとする）。 線心被覆のむき取り，輪の作り方，ビスの締め付け方はランプレセプタクルの場合と同様である。 図2・31に被覆のむき取り寸法を示すが，線心はビスまでの寸法をはかってむき取る。
③ ボックスへの結線	図2・32は，ジョイントボックスの台座上の各線心の配置例を示す。例えば電源の非接地側線心ではBからむき取りとなる。 図2・33は，結線の完成姿成図で電極Aには，非接地側線心を，電極Bには，接地側線心を結線し，電極Cには，スイッチ送り線を通して負荷に接続する。 図 2・32 ジョイントボックスの台座上の各線心の配線図 図 2・33 結線の完成姿成図

［5］ 連用取付け枠への各種埋込形器具の取付け方法と結線方法

作業の手順	分解図と説明
① 連用取付け枠の外観	図2・34 連用取付け枠 器具への結線の出題を分析すると、連用取付け枠に関するものが70％以上の割合となっている。図2・34に、連用取付け枠を示す。メーカにより上下指定があるものもある。 埋込連用器具の取付けは、(上)、(中)、(下)の位置に3個まで可能である。
② 埋込連用器具の出題傾向	図2・35 タンブラスイッチと埋込連用コンセントの外観 埋込連用器具の中で過去に出題されるものは、次の①～⑤となっている。 （出題頻度順にあげると） ① 埋込連用タンブラスイッチ（片切） ② 埋込連用コンセント ③ 埋込連用3路スイッチ ④ 埋込連用パイロットランプ ⑤ 埋込連用接地端子 この中でも、埋込連用タンブラスイッチと埋込連用コンセントに出題が集中している。 連用取付け枠の構造上、埋込連用器具の個数によって取付け位置が次のようになっている。 ［器具の個数］　［取付枠上中下の位置］ 　1個　　　　　　　中 　2個　　　　　　　上，下 　3個　　　　　　　上，中，下
③ 取付け方と取外し方	図2・36 取付け方と取外し方 図2・36には、埋込連用器具の取付け方および取り外し方を示す。それぞれ所定の位置でドライバーの先端を回転させると、突起部分が器具側部に入って固定され、反対に回転させるとはずれる。［注意］マイナスドライバーの先端幅が6mmのものを用意しなければならない。

（1） 埋込連用タンブラスイッチ（片切）および埋込連用3路スイッチの取付け方

作業の手順	分 解 図 と 説 明
① 被覆のむき取り寸法	連用取付け枠の器具取付け数は，前に述べたように，1～3個考えられるが，試験に出題されるのは2個までの場合が多い。 ①タンブラスイッチ（単極）－（1個） ②3路スイッチ－（1個） 図2・37　被覆のむき取り寸法 タンブラスイッチ1個の場合は，単独回路となるからVVFケーブル2心を使用することになる。ビニル外装のむき取り長さは，スイッチボックスに収まる点から，約7cm程度となる。 3路スイッチ1個の場合も同様であるから，ビニル外装のむき取り長さは約7cm程度となる。 図2・37に連用取付け枠の器具取付け数が1個の場合の被覆のむき取り寸法を示す。 タンブラスイッチ2個の場合もVVFケーブル3心を使用するが，スイッチ間に渡り線を使用するので，ビニル外装のむき取り長さは，15cm程度必要である。 線心被覆のむき取り長さAは，器具の裏側のストリップゲージ（心線の心要長さが一目でわかるような形をしたゲージ）に合わせて段むきをする。ストリップゲージの使い方はP.55 図2・83を参照のこと。
② スイッチへの結線と渡り線 シンボル VVF イ ロ	タンブラスイッチ－（2個） 15 cm / 7 cm / 8 cm 渡り線用 図2・38　被覆のむき取り寸法 図2・39　タンブラスイッチ2個への結線 （渡り線色を合わせる）裏側　表側 ケーブルの外装端はこの位置 図2・38に連用取付け枠の器具取付け数が2個の場合の被覆のむき取り寸法を示す。 題意として，「スイッチの電源側の線心は黒色を使用しなさい」となっているとする。 図2・39のように，裏側から見た結線例で考えた場合，スイッチは単極だから，どちらの極（左側，右側）に接続してもよいが，電源側線心は黒色を使用しなければならない。そして，渡り線は電源側で使用するので黒色を使用し，できるだけ色を合わせた方がよい。 ＊渡り線は，黒線の残りを使用して作るので切断のとき注意 渡り線は8cm必要である。

（2） 埋込連用コンセントへの結線

作業の手順	分解図と説明
① 被覆のむき取り寸法 ② コンセントへの結線 シンボル VVF	コンセント1個では，タンブラスイッチ1個の場合と同様にVVFケーブル2心を使用し，ビニル外装のむき取り長さは，約7cm程度となる。 コンセント2個とした場合は，コンセント間に渡り線を使用するので，ビニル外装のむき取り長さは，15cm程度となる。 そのうち，渡り線は8cm必要となり，切断された黒線・白線を使用して作るので，切断のとき注意すること（図2・38参照）。 図2・40 コンセント2個への結線 ＊コンセントには，極性がある。 極性については，P.26図2・21を参照。

（3） 埋込パイロットランプへの結線

作業の手順	分解図と説明
① 被覆のむき取り寸法 ② パイロットランプへの結線 シンボル VVF	パイロットランプ1個では，コンセント1個の場合と同様にVVFケーブル2心を使用し，ビニル外装のむき取り長さは，約7cm程度となる。 しかし，パイロットランプ1個で使用される場合は少なく，他のスイッチ・コンセントと組み合わせて出題される。この場合，パイロットランプとコンセント間に渡り線を使用するので，ビニル外装のむき取り長さは，15cm程度となる。そのうち，渡り線は8cm必要となり，切断された黒・白線を使用するので注意して切断のこと（図2・38参照）。 パイロットランプとコンセントを組合わせた結線例を図2・41に示す。 この場合，パイロットランプの動作は，パイロットランプとコンセントが並列に接続され，電源表示として常時点灯している。 この他，パイロットランプとスイッチとの結線の組合わせは，次の節で述べる。 図2・41 パイロットランプとコンセントへの結線 ＊パイロットランプには，極性がない。

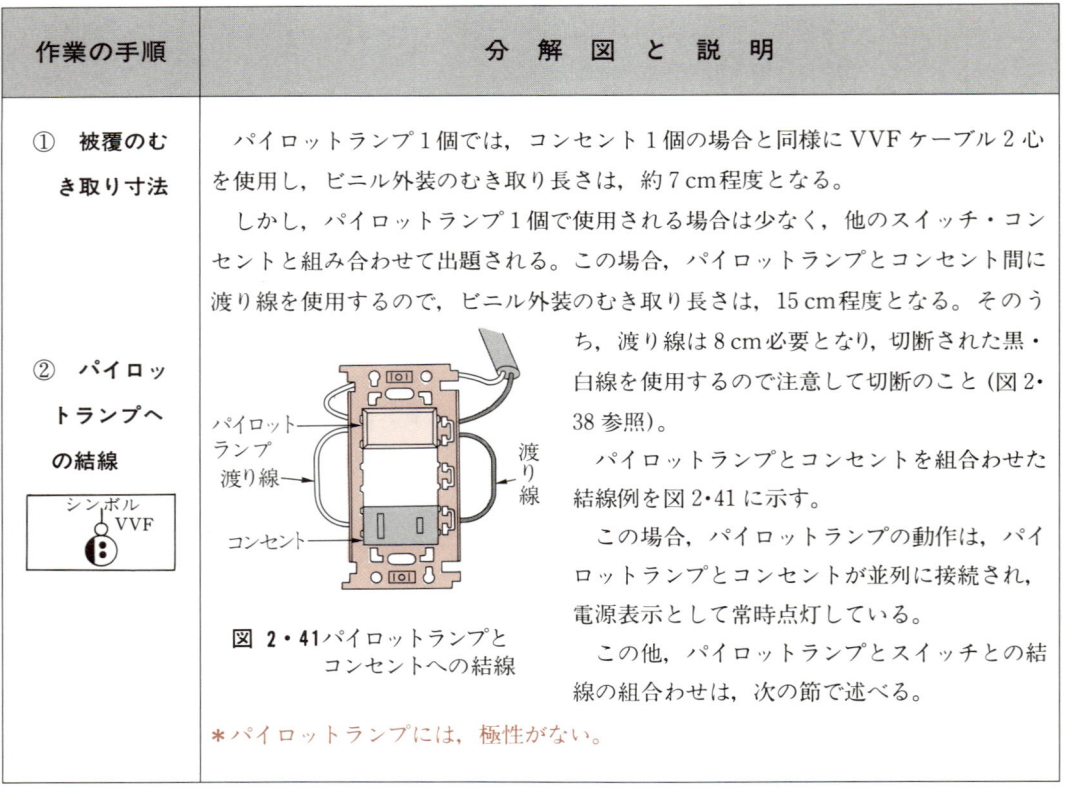

（4） 各種器具への結線と渡り線の取付け方法

作業の手順	分解図と説明
① 被覆のむき取り寸法を決定	配線図より電気回路図を書き，各種器具への線心部分の寸法を決める。 結線におけるビニル外装のむき取り長さは，およそ次のような考え方（一般的な例）をすると便利である。 ① 器具間に渡り線がない場合。 　　ビニル外装のむき取り長さ　$L_1 = 7\,\text{cm}$ ② 器具間に直線方向の渡り線がある場合。 　　ビニル外装のむき取り長さ　$L_2 = 7\,\text{cm} + 渡り線分\,8\,\text{cm} = 15\,\text{cm}$ ③ 器具間に斜線方向の渡り線がある場合。 　　ビニル外装のむき取り長さ　$L_3 = 7\,\text{cm} + 渡り線分\,8\,\text{cm} = 15\,\text{cm}$
② 被覆のむき取り寸法	図 2・42　被覆のむき取り寸法 図 2・43　パイロットランプと負荷の同時点滅（VVFケーブル3心を使用）
③ 各種器具への結線	図 2・44　コンセントと接地端子 図 2・42 より，器具への結線に必要な線心の長さ（7 cm），渡り線に必要な線心の長さ（8 cm）がわかる。 ＊器具への結線ミスも考えられるので，電線のはずし方（リカバリーの仕方）もあらかじめ練習しておくこと。 ＊課題によっては，渡り線が2本以上となる場合があるので要注意。

2-3 配線図の電気回路図化

[1] 電線条数（本数）と電線色別の考え方

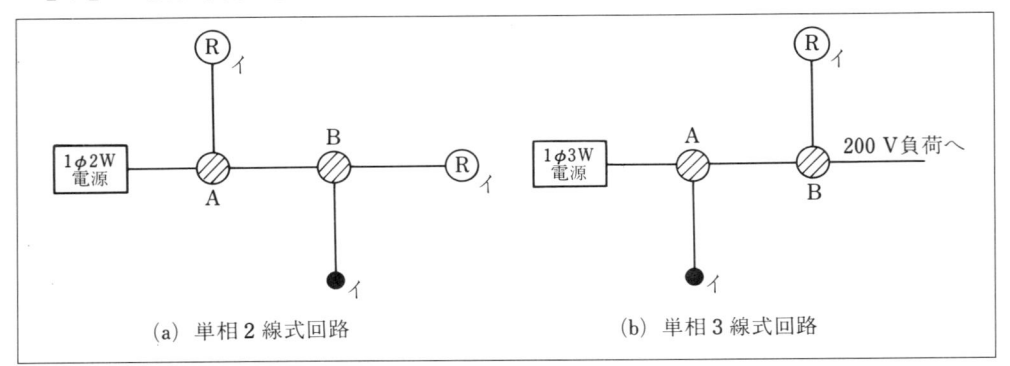

図 2・45 配線図（単線図）例
(a) 単相 2 線式回路
(b) 単相 3 線式回路

単位作業の試験問題は，図 2・45 のような回路（寸法が入っていて A，B の記号を除いたもの）に，施行上の注意が与えられている。この図より，実際の配線を行わなければならない。

つまり，**単線図**で出題されているので，これを実際のような**複線図**に変換（複線図化）することができなければならない。複線図化をするためには，電線の使用条数（本数）と図記号の約束を憶えなければならない。

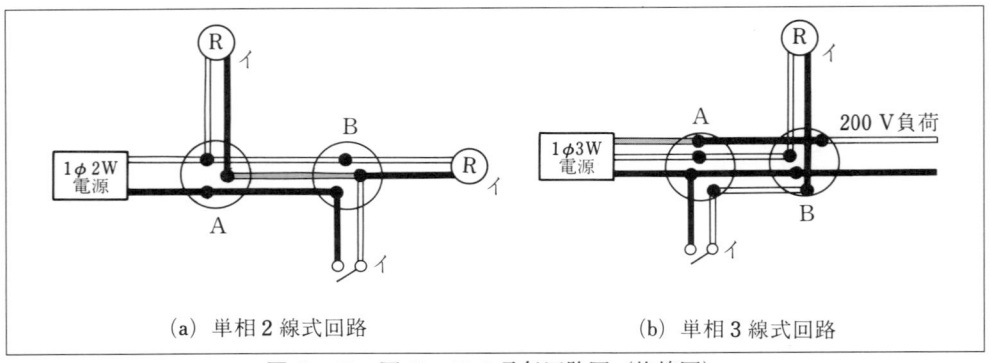

図 2・46 図 2・45 の電気回路図（複線図）
(a) 単相 2 線式回路
(b) 単相 3 線式回路

まず，最初に考えなければならないことは，回路に供給される電源はどうなっているかを知ることである。

図 2・45 にあるように，単位作業試験においては，**単相 2 線式**（1φ2W，1φ100 V）か**単相 3 線式**（1φ3W，1φ100／200 V）の電源が出題される。一般的には，柱上のトランスで高圧から低圧（単相 2 線式，単相 3 線式）に変換された電源を使用する。

トランスの回路を図 2・47 に示す。

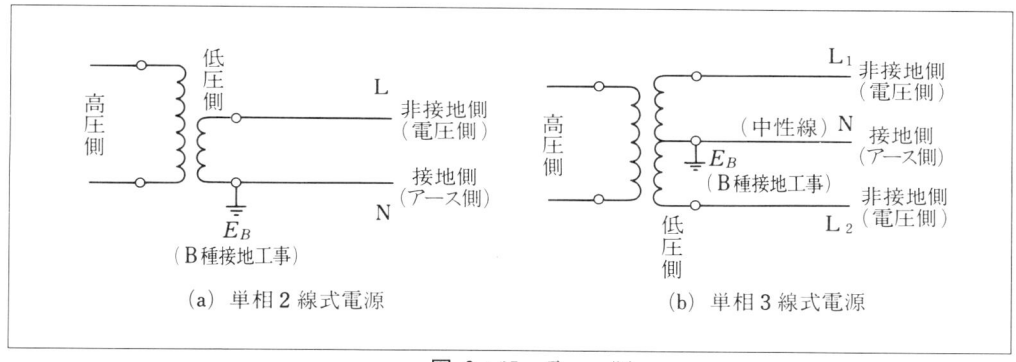

2・3 配線図の電気回路図化

```
       (a) 単相2線式電源              (b) 単相3線式電源
```
図2・47 電　源

電源の**接地側**には**白線**を使用する。また，**非接地側**には**黒線**と**赤線**を使用する（単位作業試験の場合ほとんどが単相2線式であるので黒線）。

（1）各部に使われる電線の条数（本数）

図2・45のような回路には電線数が記入されていない。つまり，試験においては2心のVVF線か3心のVVF線かを選定して，寸法の回路が実現できる長さに切断しなければならない。

この電線の条数を考える場合は，回路の両端を見て，次のようにして行う。

① **電圧側（非接地側）**の線がその回路において必要か（必要ならその線が1本と数える）。
② **アース（B種接地側）**の線がその回路において必要か（必要ならその線が1本と数える）。
③ **スイッチから負荷の送り**の線がその回路に必要か。
④ **3路スイッチどうしの接続線**が必要か。
⑤ 電源側にもどる**アース線（D種接地）**がその回路に必要か。

上の①から⑤までのことを**図2・45**(a)のA，B間の回路で考えると，

①の分；1本必要（スイッチに供給するため）
②の分；1本必要（負荷に必要）
③の分；1本必要（左の負荷にスイッチからの送りに必要）
④の分；不要（3路スイッチは使われていない）
⑤の分；不要（電源の方にもどるアース線なし）

となり，3本の線が必要なことがわかる。

同様にして，図2・45(b)のA，B間について考えてみると，①の分2本（L_1とL_2線が他の負荷用に必要），②の分1本（負荷Ⓡ用に必要），③の分1本（スイッチから負荷への送り）計4本必要である。各器具の必要条数は，次の［2］の図記号で学ぶことにする。

[2] 単位作業試験に出る図記号

単位作業試験等に出題される回路は実物で示されていないので，図記号と実物の照合ができないと作業にとりかかれない。十分に図記号については理解しておきたい。

(1) 配線の図記号

施 工 場 所		工 事 種 別 と 電 線	
────────	天井隠ぺい配線	──#── 1.6-2C	電線の太さと心線数
─ ─ ─ ─ ─	床隠ぺい配線	──#── IV 1.6	電線の太さと条数
・・・・・・・・・・・・	露 出 配 線	──#── IV 1.6 (19)	金属管と電線の太さ
─・─・─・─	地中埋設配線	──#── IV 1.6 (VE16)	合成樹脂管と電線の太さ

図 2・48 配線の図記号

ここで，特に ──── （天井隠ぺい配線）と ・・・・・・・・ （露出配線）の記号がよく出題される。

(2) 電源の図記号

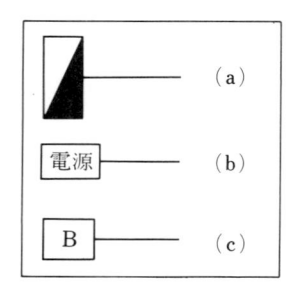

図(a)は分電盤を示す。配線用遮断器が入っている。

図(b)は単位作業試験に示される一般的な電源の図記号である。

図(c)は配線用遮断器からの電源を示す。

図 2・49 電源の図記号

(3) ジョイントボックスの図記号

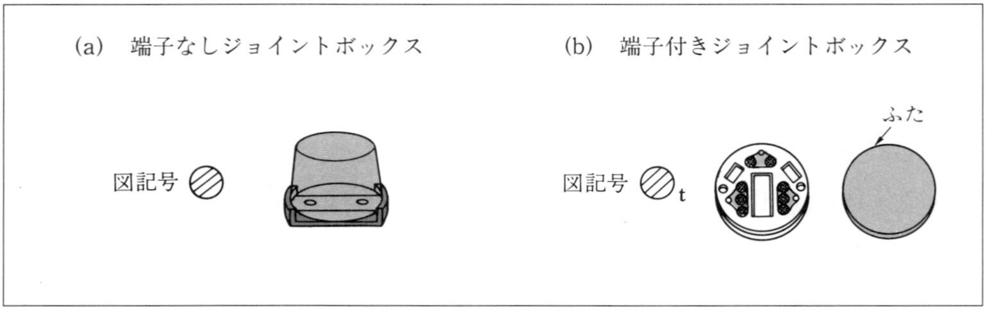

(a) 端子なしジョイントボックス　　(b) 端子付きジョイントボックス

図記号 ⊘　　　　　　　　　　　　図記号 ⊘t　　　　　　　　　ふた

図 2・50 ジョイントボックス

（4） スイッチ（点滅器）の図記号

スイッチの図記号は図2・51のようなものがある。

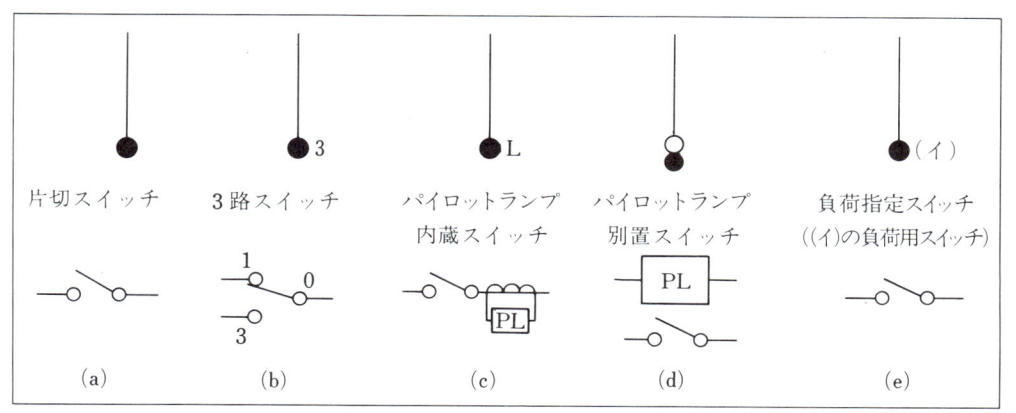

図 2・51　各種スイッチの図記号

（5） コンセントの図記号

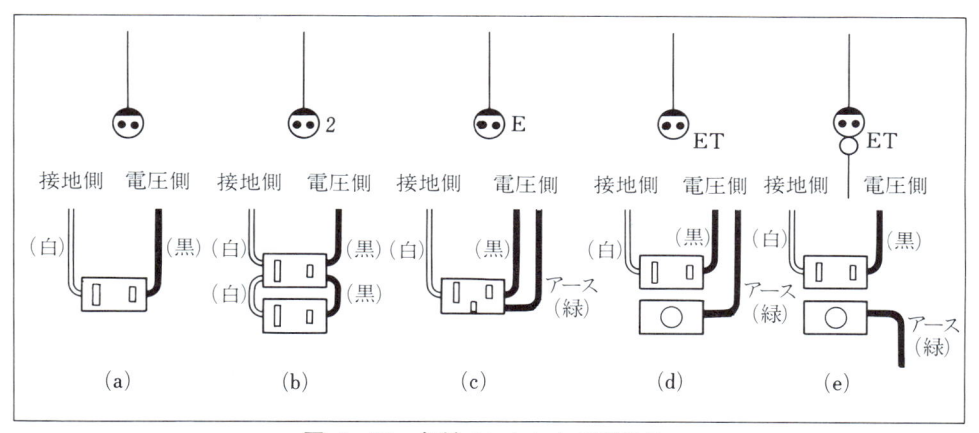

図 2・52　各種コンセントの図記号

図2・52において，図(b)はコンセント2個，図(c)は接地極つきコンセント，図(d)，(e)は接地端子とコンセントである。

図2・53において，図(a)はスイッチ2個，図(b)はスイッチとコンセントである。

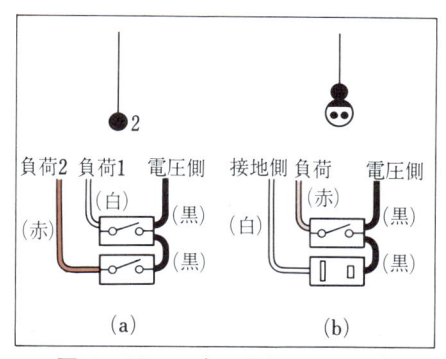

図 2・53　スイッチとコンセント

[3] 電気回路図化の基本ルール

コンセントやランプレセプタクル等の負荷にも，図2・54のように極性がある。

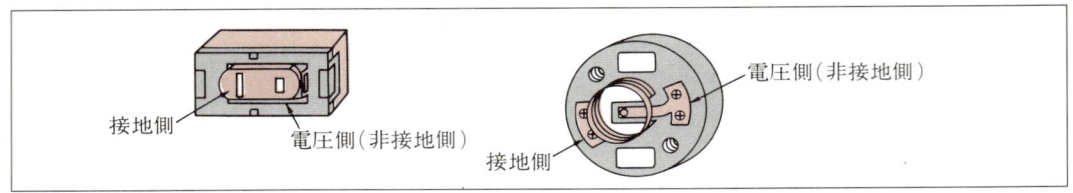

図2・54 コンセントとランプレセプタクルの極性

(1) スイッチのない負荷回路
それぞれ接地側は接地側，非接地側は非接地側と接続する（**電源に並列接続**）。

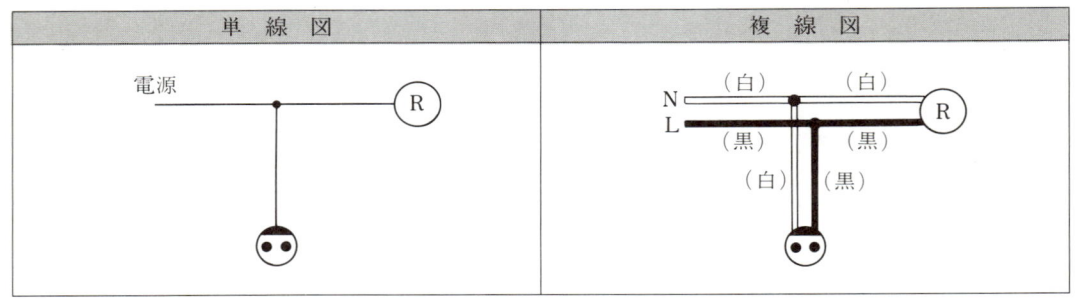

図2・55 スイッチのない負荷回路

(2) スイッチ回路
非接地側（電圧側）にスイッチがはいる（**負荷に直列接続**）。

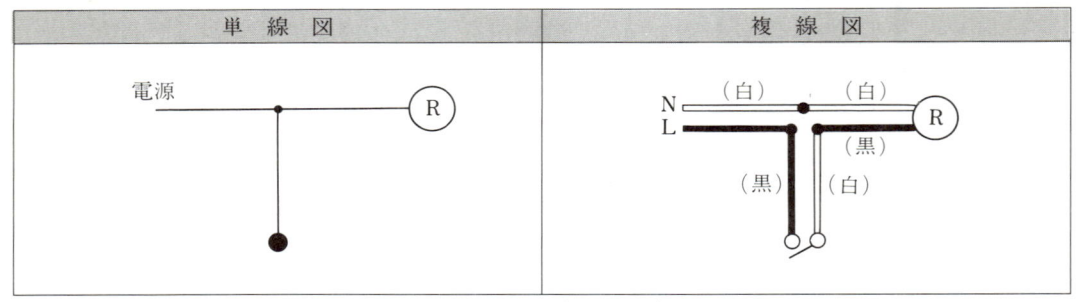

図2・56 スイッチ回路

実体配線図（複線図）化の手順

① **電源線の極性**をきめる（**接地側Nを白，非接地側Lを黒**とする）。
② **負荷やコンセントの極性**をきめる（**接地側Nを白，非接地側Lを黒**とする）。
③ スイッチに電線をつなぐ（特に極性はないが，**電源側につなぐほうを黒線**とする）。
④ **接地側の線**どうしを**接続**する（スイッチの白線を除いて**白線どうし接続**する）。
⑤ **スイッチに電源の非接地側L**をつなぐ（**電源の黒線**と**スイッチの黒線**を接続する）。
⑥ **スイッチの送りと負荷の電圧側**をつなぐ（**スイッチの白線と負荷の黒線**を接続する）。

（3） スイッチ，コンセント回路

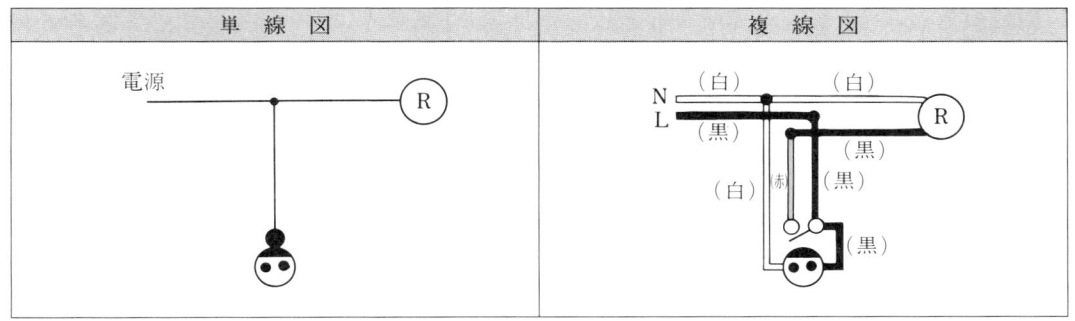

図 2・57 スイッチ，コンセント回路

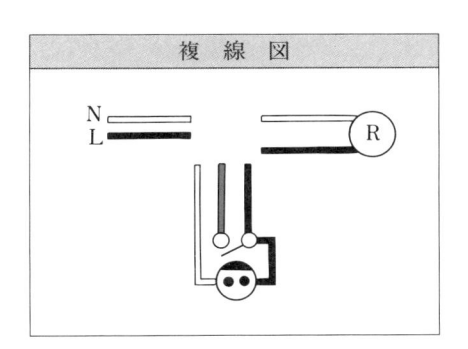

まず，図記号のところで学んだように，スイッチ，コンセントやランプレセプタクルの極性に注意して電線を結線する。
（前ページの手順では，①，②，③のところに相当する。）

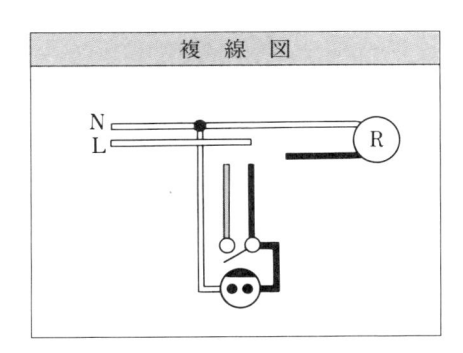

次に，電線の接地側，コンセントの接地側，ランプレセプタクルの接地側の白線を接続する。
（前ページの手順では，④のところに相当する。）

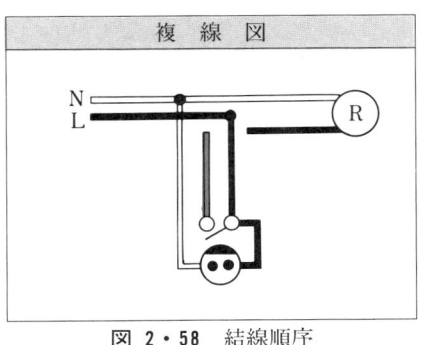

電源の非接地側の黒線とスイッチからの黒線を接続する。
（前ページの手順では，⑤のところに相当する。）

最後に，スイッチからの赤線と負荷の黒線とを接続する。
（前ページの手順では，⑥のところに相当する。）

図 2・58 結線順序

[4] 3路スイッチの考え方

階段の上と下などで，2箇所から同じ電灯を点滅するスイッチ回路のことを **3路スイッチ回路** という。この回路に使用するスイッチは，図2・59のようになっている。

3路スイッチは，図2・59(a)あるいは(b)のどちらかの状態になっている。つまり，接点の支点0（コモンあるいは共通端子）を中心に1から3，あるいは3から1にスイッチのボタンを押すことによって切り替わる。

図(c)および図(d)は，コモンを右側にしただけである。動作は，図(a)，図(b)と同様である。

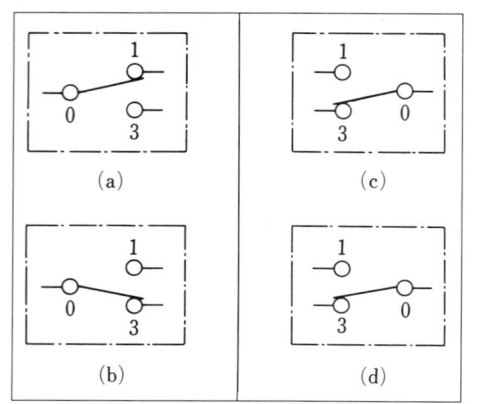

図2・59 3路スイッチの内部回路

[端子記号] コモン0（共），あるいはc
　　　　　　1　　　　　あるいはa
　　　　　　3　　　　　あるいはb

図2・60は3路スイッチ回路の動作原理図である。すなわち，**負荷の非接地側の黒線を開閉する。**

図(a)においては，Bのスイッチによって電圧は負荷に伝わらないので，電灯は点灯しない。

次に，AかBのスイッチを操作していずれかを閉じれば図(b)のような回路状態になり，電灯は点灯する。

図2・60からわかるように，3路スイッチ2個を1組のスイッチと考えれば，単極のスイッチと同じである。一方のスイッチを，単極スイッチの非接地側の入り口とすれば，もう一方のスイッチは単極スイッチの負荷への送り側と同じに考えられる。

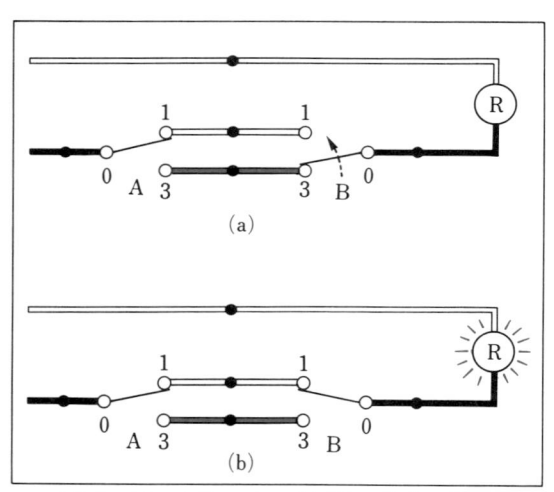

図2・60 3路スイッチ回路の基本回路

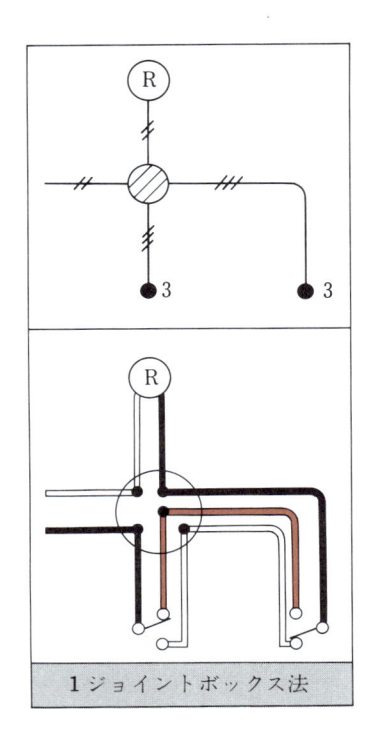

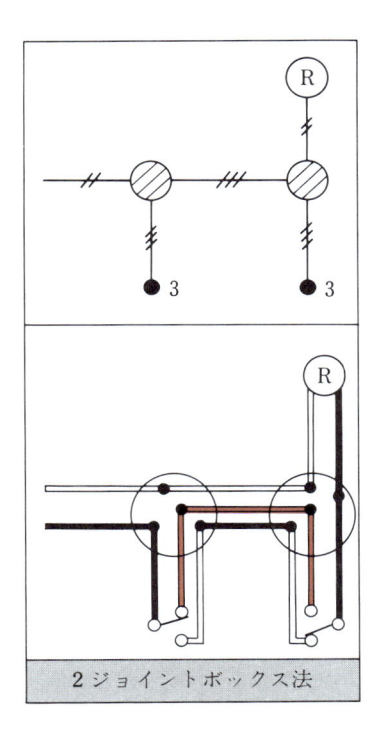

図 2・61 3路スイッチ回路とジョイントボックス

●実態配線図への手順

（1） 1ジョイントボックスの場合
① **電源の極性**をきめ，**色別**する。
② **負荷の極性**をきめ，**色別**して結線する。
③ **3路スイッチのコモンに黒線**を結線する。
　3路スイッチの**コモン以外**のところに**赤線，白線**を結線する。
④ 電源の接地側の**白線**と負荷の**白線**を接続する。
⑤ 電源の非接地側の黒線と一方の**スイッチの黒線**を接続する。
⑥ **負荷の非接地側の黒線**ともう一方の**スイッチの黒線**を接続する。
⑦ **スイッチ**からの**赤線**どうし，**白線**どうしを接続する。

（2） 2ジョイントボックスの場合
①から③までは1ジョイントボックスの場合と同じ
④ それぞれのジョイントボックス内で**接地側の白線**どうしを接続する。
⑤ 左側のジョイントボックスで電源の黒線と一方の**スイッチの黒線**を接続する。
⑥ 右側のジョイントボックスで**負荷の黒線**ともう一方の**スイッチの黒線**を接続する。
⑦ それぞれのジョイントボックスで**赤線**どうし，**白線と黒線**を接続する。

[5] パイロットランプの考え方

スイッチ・コンセントと別置タイプのパイロットランプそして，その構造

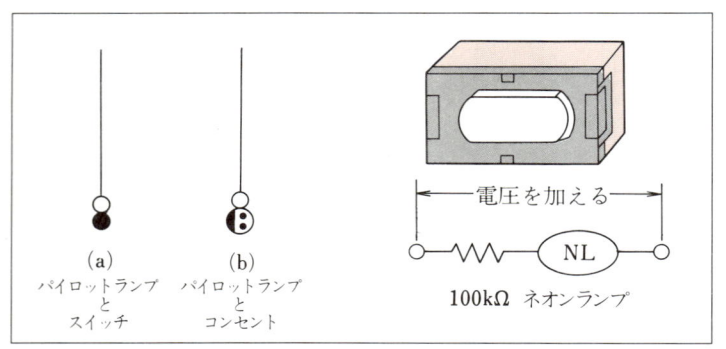

パイロットランプの構造は100 kΩ程度の抵抗とネオンランプが直列接続されている。

図 2・62 パイロットランプの記号と構造

(1) 常時点灯パイロットランプ回路（電源がいれてあれば，常に点灯しているパイロットランプ）

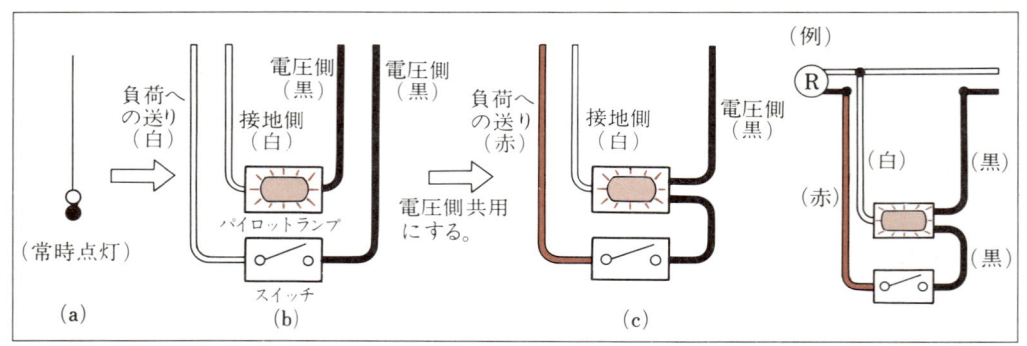

図 2・63 常時点灯パイロットランプ回路とスイッチ

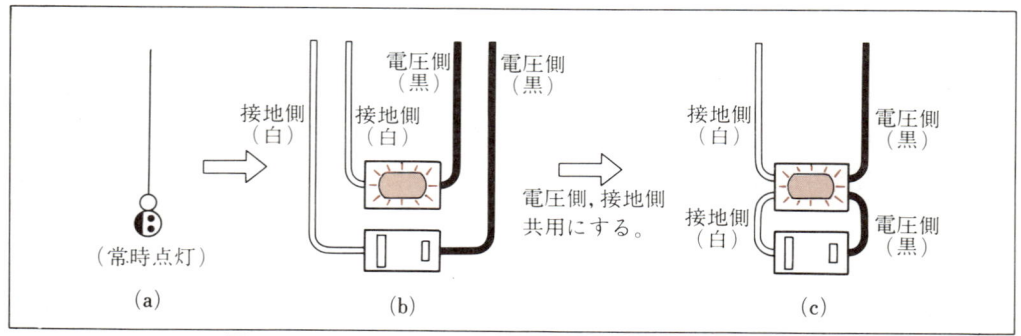

図 2・64 常時点灯パイロットランプ回路とコンセント

常時点灯は，ほとんどの場合，図2・63のようにスイッチのところにつける。この回路は常に電圧が加わっているので，回路的にはコンセントと同じと考えてよい。

※ 電源に並列と憶えること。

(2) 同時点滅パイロットランプ回路（スイッチを操作して負荷を点滅した場合，その負荷と同じように点滅するパイロットランプ）

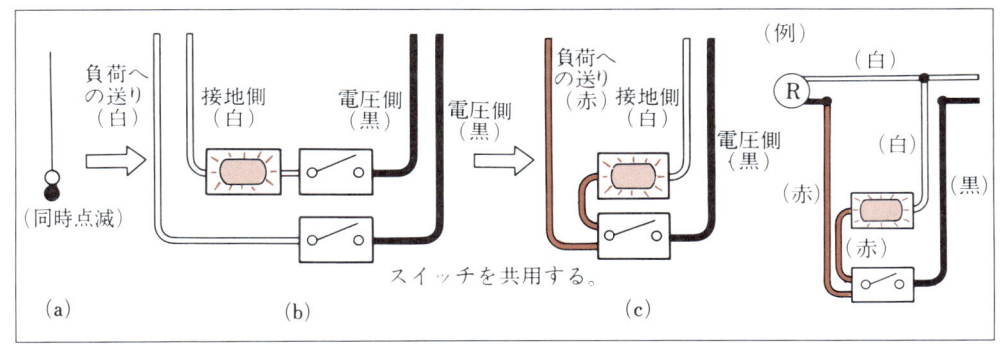

図 2・65 同時点滅パイロットランプ回路

同時点滅パイロットランプ回路は，負荷の動作がスイッチを操作するところで確認できるようにするためのものである。例えば，トイレの電灯のように入り口の外側で点滅を確認できると便利である。あるいは，換気扇のようなもので，よく耳を澄まさないと動作が確認できないようなところに使用する。動作は負荷と同じであるので，

※ **負荷に並列**と憶えること。

(3) 異時点滅パイロットランプ回路（スイッチをONにした時に消灯し，スイッチがOFFした時に点灯するような動作をするパイロットランプ）

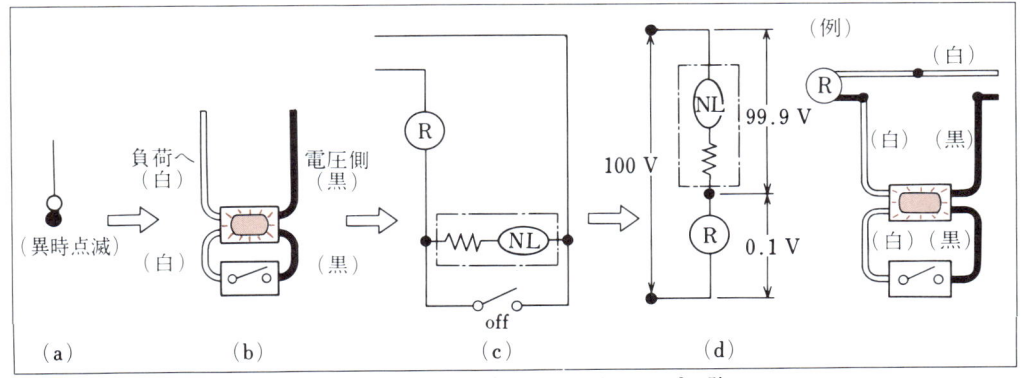

図 2・66 異時点滅パイロットランプ回路

異時点滅パイロットランプ回路は，実際の結線ではスイッチに並列にすればよいので，最も簡単である。動作はスイッチが開いているとき（負荷は消灯），負荷の電灯の抵抗値を100Ωとすると，図(d)のような電圧関係になり，パイロットランプが点灯する。スイッチが閉じているとき（負荷は点灯）は，パイロットランプの両端が短絡され電圧がパイロットランプに加わらなくなるので点灯しない。

※ **スイッチに並列**と憶えること。

[6] いろいろな配線図の結線例・切断とむきとり寸法

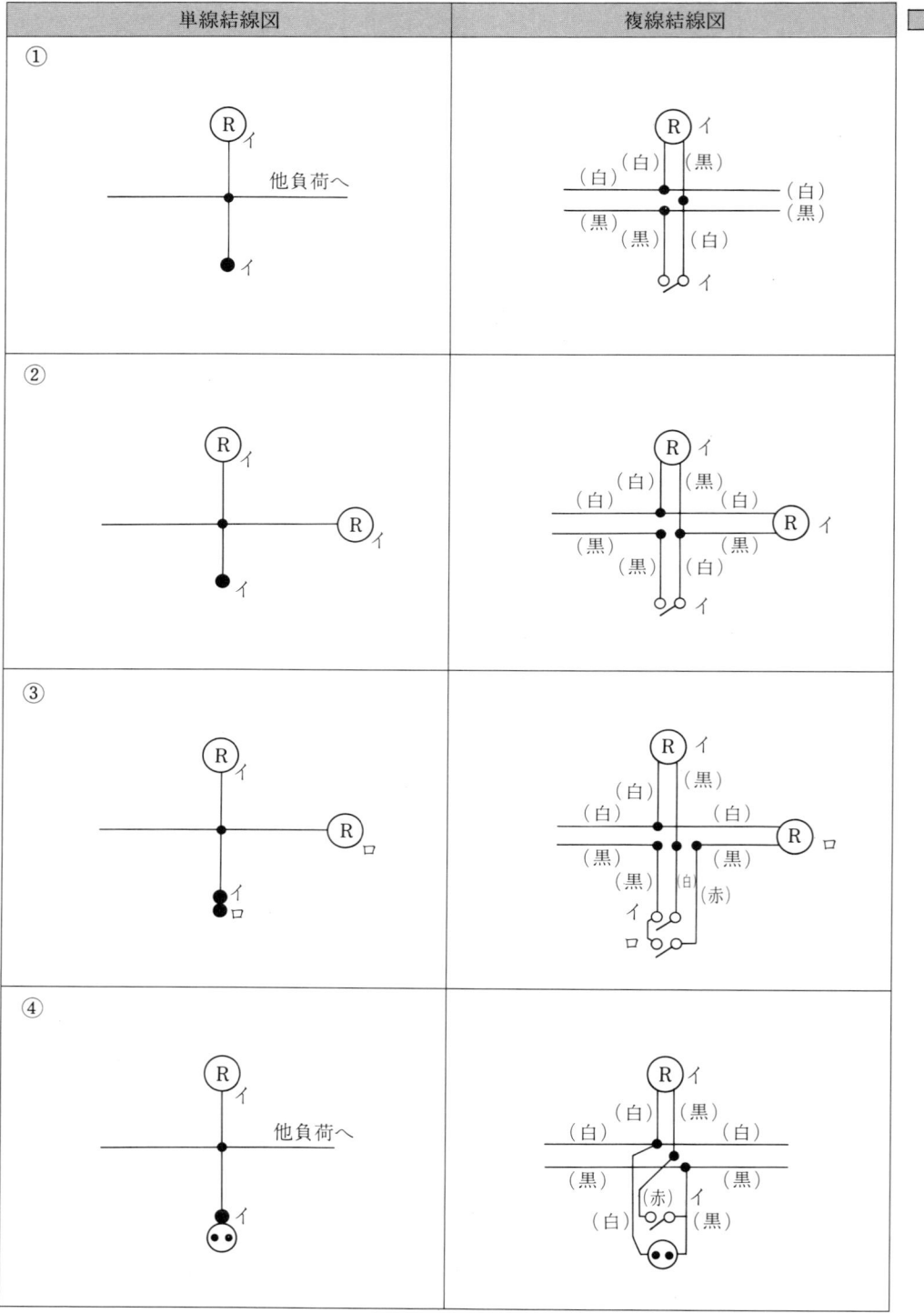

図 2・67 いろいろな配線図の結線例（その1）

2・3 配線図の電気回路図化

左図の施工上の条件	切断とむき取り寸法〔cm〕
①〜④ 1. すべてケーブル工事とする。 2. 器具間・電線の寸法はすべて15 cmとする。 3. 電線接続は，2本はねじり，3本以上はとも巻とする。 4. とも巻き接続用のケーブルは，②以外は電源からのものとする。 5. 端子なしジョイントボックス使用，埋込形器具使用とする。 6. 電源側・他負荷への電線は切断したままとする。 ※右図を参考にして，自分で切断とむき取り寸法を出し，電線接続と器具への結線を実際に練習してみなさい。	① ② ・とも巻き接続用のケーブルは上のレセプタクルからのものとする。 ③ ④

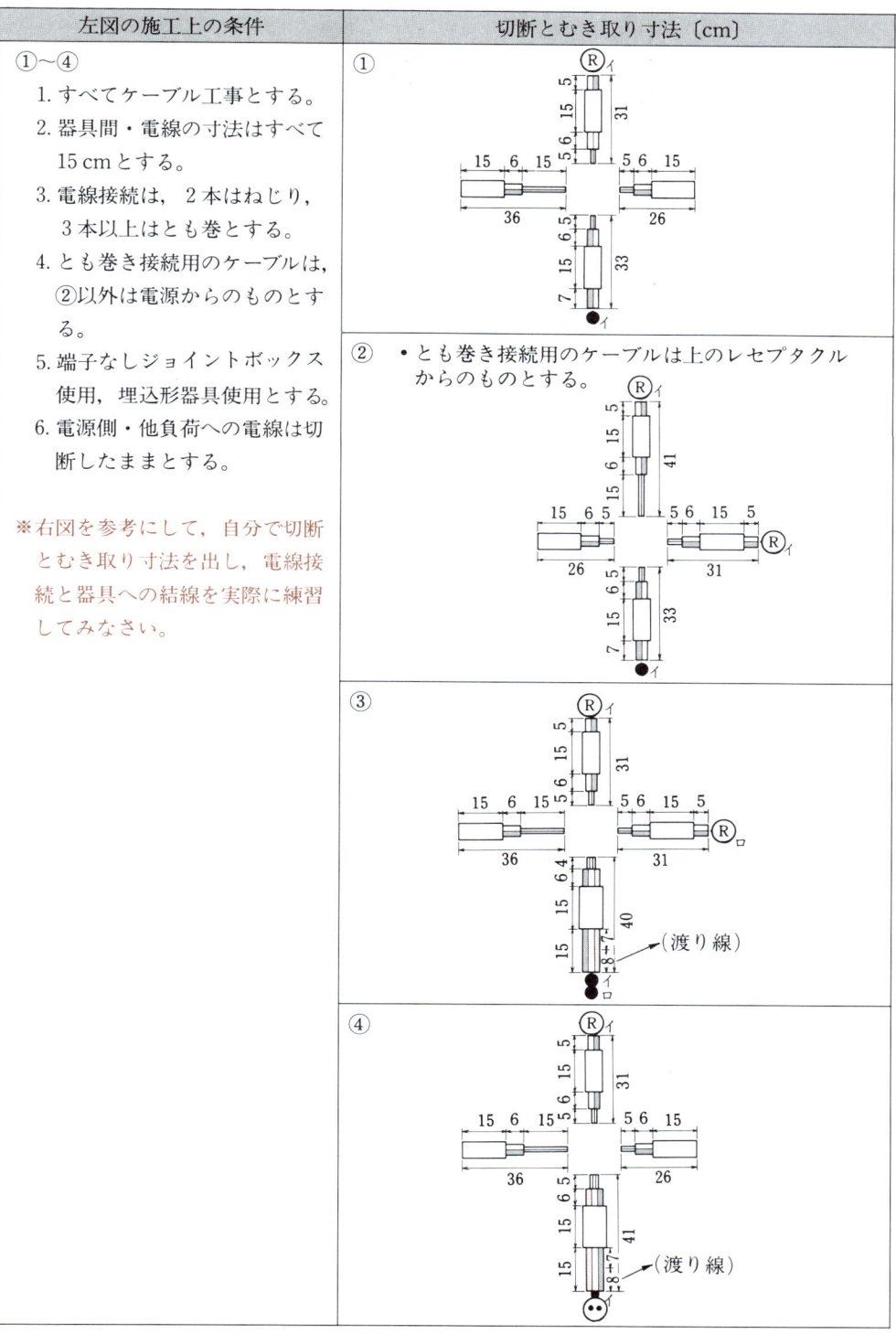

図 2・68 切断とむき取り寸法の出し方の練習

第2章　単位作業試験

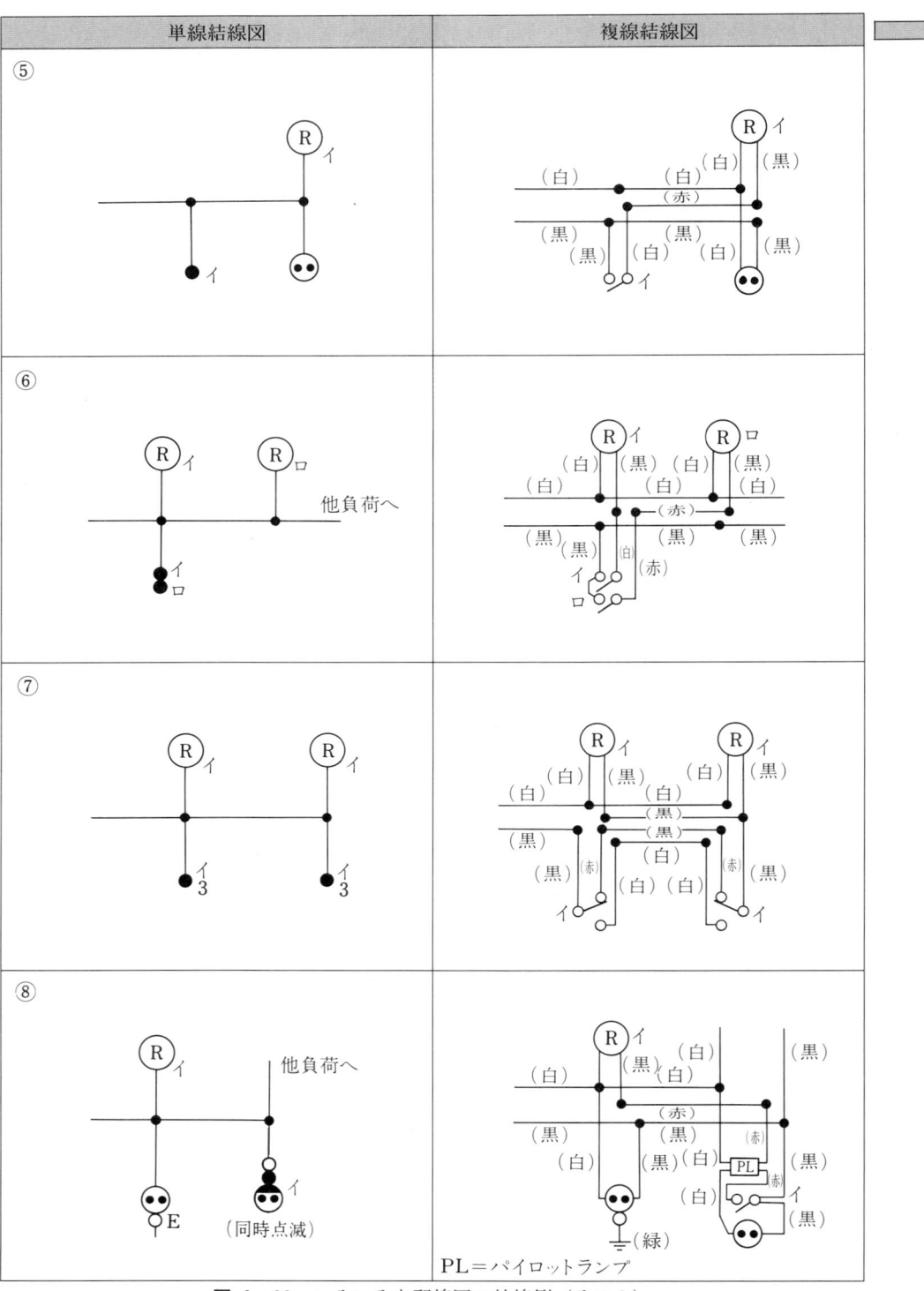

単線結線図	複線結線図
⑤	
⑥	
⑦	
⑧	

図 2・69　いろいろな配線図の結線例（その2）

PL＝パイロットランプ

左図の施行上の条件	切断とむき取り寸法〔cm〕
⑤～⑧ 1. すべてケーブル工事とする。 2. 器具間・電線の寸法はすべて15cmとする。 3. 電線接続は，すべて圧着接続とする。 4. 端子なしジョイントボックス使用，埋込形器具使用とする。 5. 電源側・他負荷への電線は切断したままとする。 ※右図を参考にして，自分で切断とむき取り寸法を出し，電線接続と器具への結線を実際に練習してみなさい。	⑤ 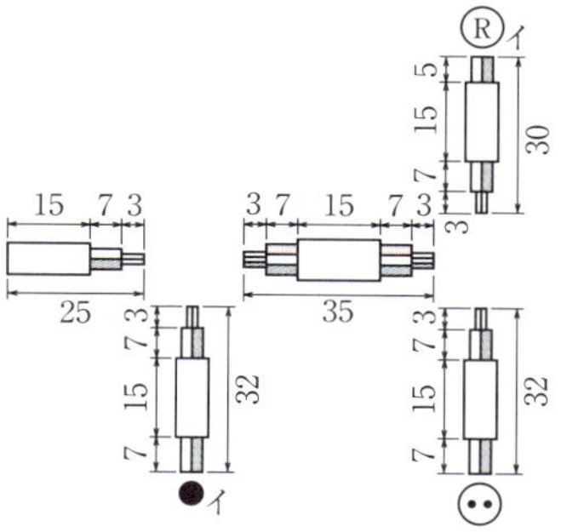 ⑥ 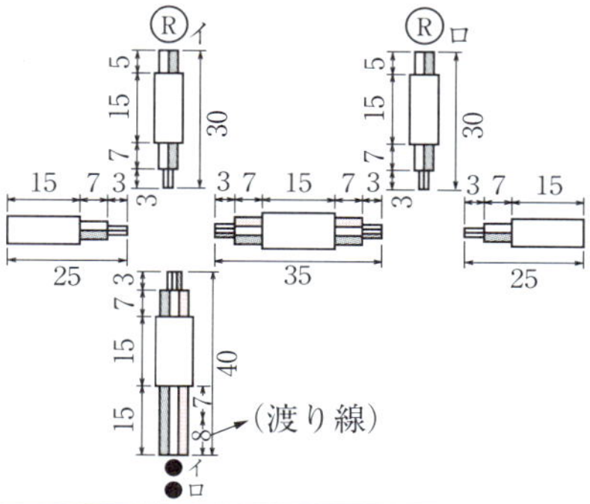 ⑦ 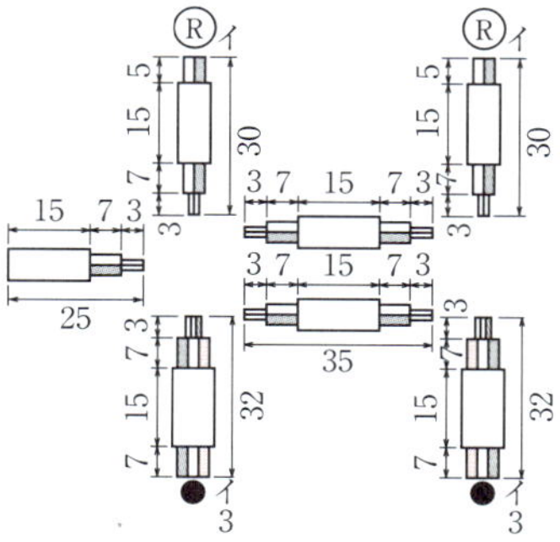 ⑧ 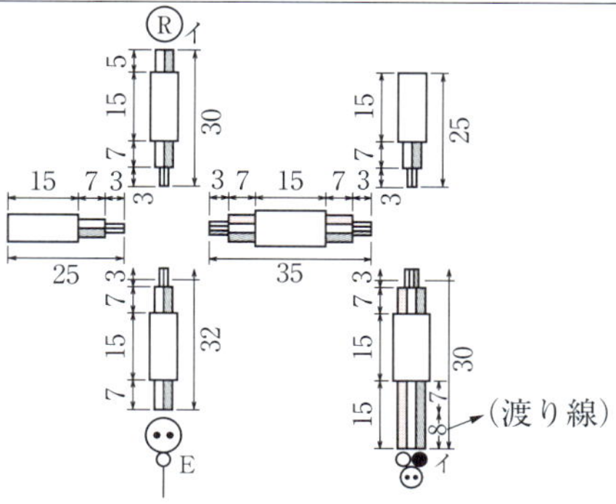

図2・70 切断とむき取り寸法の出し方の練習

2-4 電線管とその他の工事方法

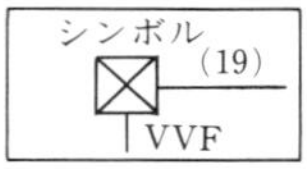

[1] 金属管とアウトレットボックスとの接続

(1) 既成品の**アウトレットボックス**には，**ノックアウト**という簡単に管を入れる穴が開くところがある。10 cm 角のアウトレットボックスには，図2・71のように，側面と底面に $\phi 19$ と $\phi 25$ のノックアウトがある。金属管を取り付けるところのノックアウトを工具であけ，**ロックナット**を使用して，アウトレットの側面板をはさみこみ，**絶縁ブッシング**を管端の両端に取り付ける。

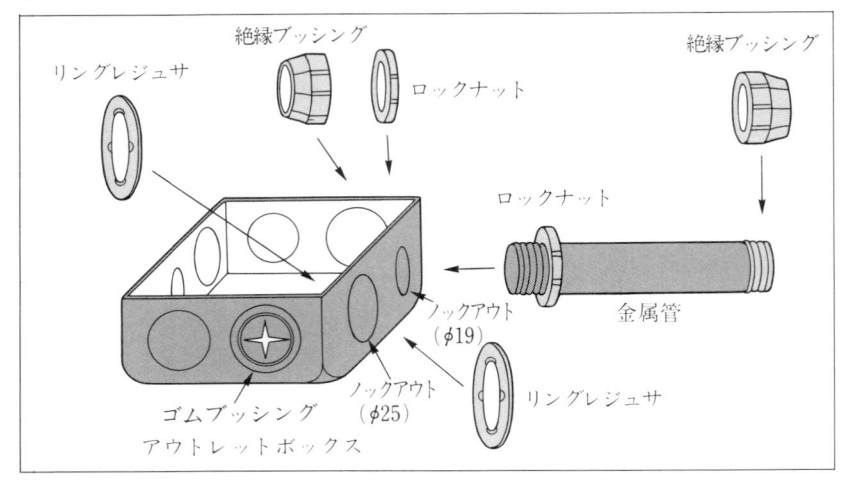

図 2・71 アウトレットボックスと金属管

(2) **ネジなし金属管**をアウトレットボックスに接続するためには図2・72のように，ノックアウトを工具であけ，**ネジなしコネクタ**を使用し，**ロックナット**でアウトレットボックスを締めつけ，**絶縁ブッシング**を管端に取り付ける。**ネジなし金属管**とネジなしコネクタは**止めネジ**で接続するが，

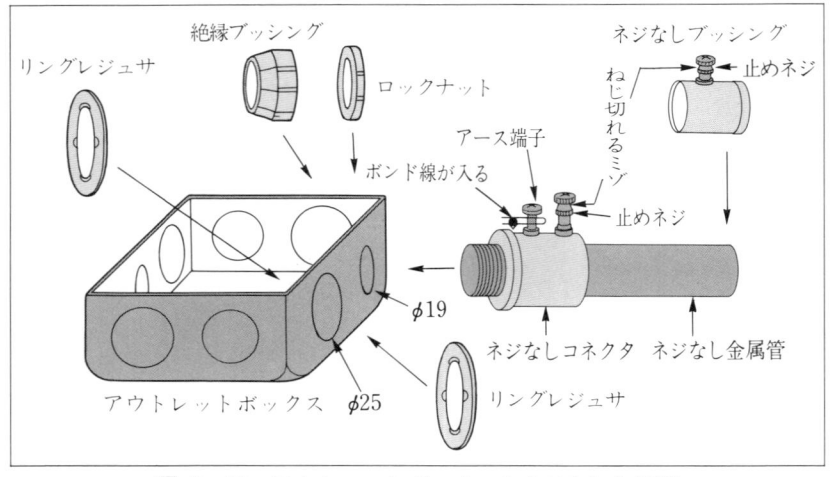

図 2・72 アウトレットボックスとネジなし金属管

止めネジのネジの頭をドライバーで締め付けると，最良の締め具合でネジの頭がねじ切れるようになっているので，そこまで締め付ける。

ネジなし金属管と**ネジなしブッシング**は止めネジで接続するが，ネジなしコネクタと同様にネジの頭がねじ切れるまで締め付ける。以上でネジなし金属管の接続が完了する。

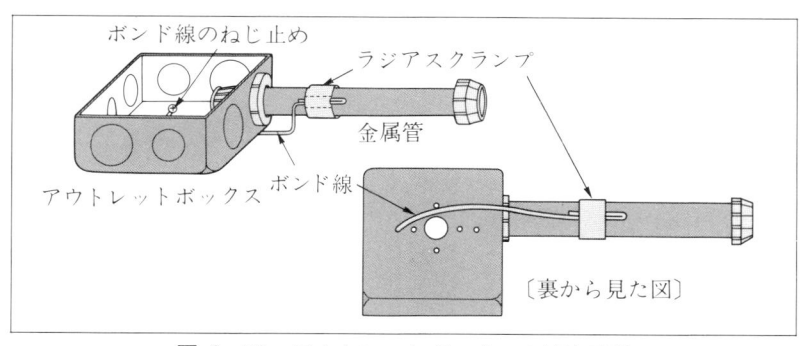

ネジなし金属管と**アウトレットボックス**の**接地工事**は，ネジなしコネクタのアース端子にボンボ線（裸銅線）をはさみ込んでアース端子のネジを締め付け接続する。次に，アウトレットボックスへの接続は図2・74のようにボンド線の反対側をアウトレットボックスの内側からねじ止めをして行う。

(3) **リングレジュサの取付け方**　φ25用のノックアウトにφ19の金属管を接続する場合には，リングレジュサを取付け，φ19用にしてからφ19の金属管をアウトレットに接続する。

ロックナットおよびリングレジュサには内側と外側があるので，注意すること。

ロックナット・リングレジュサの使用方法は，図2・73のようになる。ロックナットは横からみるとわずかにそっている。

リングジュサはφ25の穴でずれないように突起があるので，それが内側になるように取り付ける。

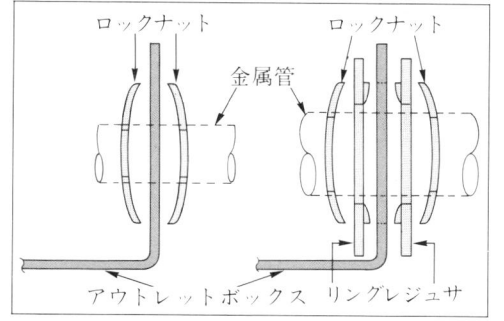

図 2・73　ロックナットとリングレジュサ

単位作業において，このアウトレットボックスにつけた金属管に電線を通す場合には，必ずブッシングの端から電線が2～3cm 出るようにする。VVFケーブルを使用する場合には，必ずノックアウトの穴にゴムブッシングを使用する。ケーブルの外装はボックス内において2cmぐらいのところではぎとる。

ロックナット，ブッシングは，ドライバーかプライヤーを使ってグラグラしないように十分締めつける。

［2］　金属管とアウトレットボックスの接地工事

図 2・74　アウトレットボックスの接地工事

金属管とアウトレットボックスを使用する場合，電気的に両者をボンド線（裸銅線）でつないで接地しなければならない（図2・74参照）。金属管にボンド線（裸銅線）を電気的につなぐときに使用するのが**ラジアスクランプ**である。これは銅の帯板でこれにボンド線（裸銅線）をはさんで金属管に巻きつけて，プライヤでしめつけて使用する（図2・75参照）

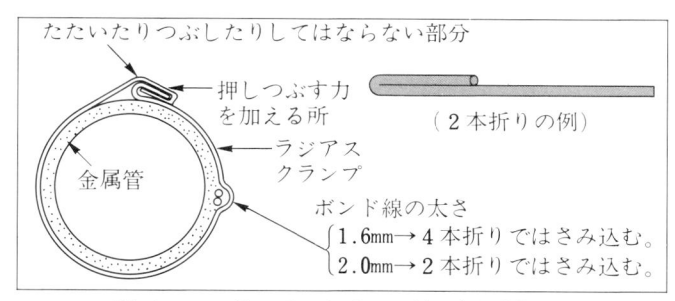

図 2・75　ラジアスクラップ使用部の断面図

[3] メタルラス壁の貫通部分の防護工事

メタルラス壁をケーブルや金属管を通す場合，メタルラスに漏電しないように合成樹指管で十分に絶縁しなければならない。

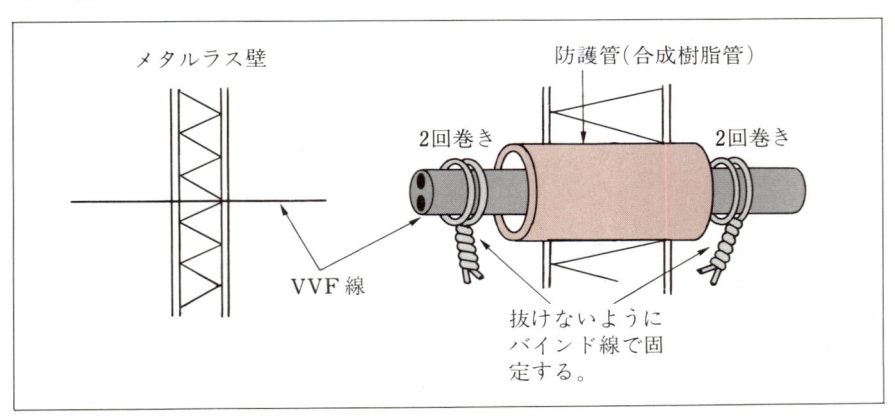

図 2・75 メタルラス壁の貫通部分の保護

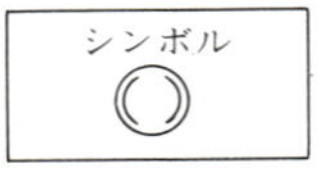

[4] 引掛シーリングへの結線方法

ボディを天井下面にねじで取り付け，電灯コードを吊り下げて使用するもので，キャップが引掛式のものを示す。

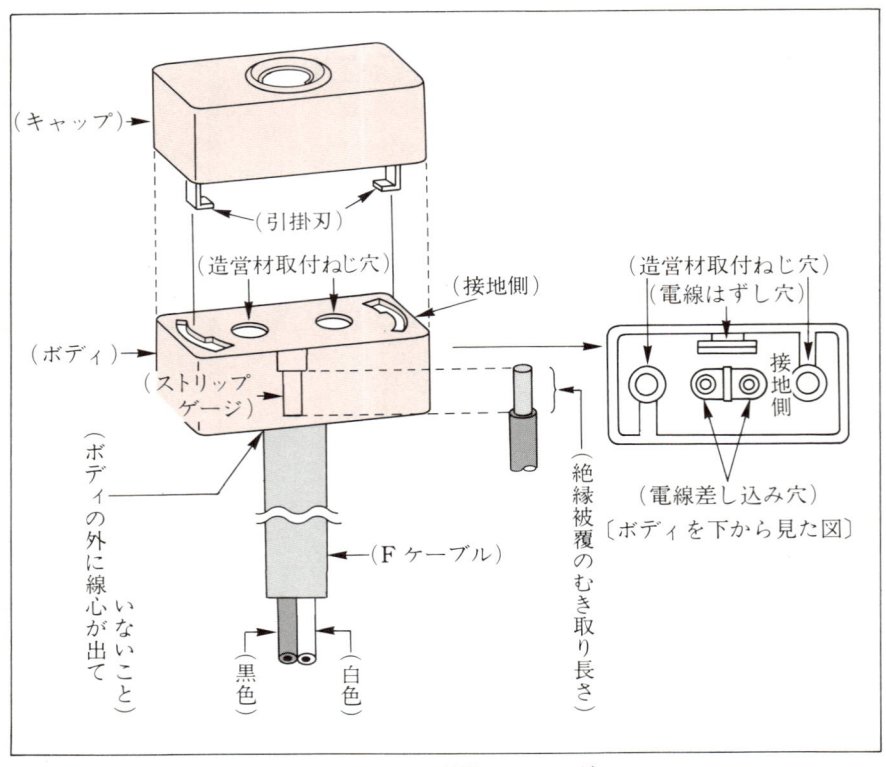

図 2・76 引掛シーリング

［5］ 差込み形コネクタによる終端箇所における接続

ジョイントボックスやアウトレットボックスの中でビニル外装ケーブルなどを接続する場合に使用する。圧着工具やテープ巻きが不要で作業が簡便であるが，電線の先端部分に曲がりがあったり，差込みが不充分であると接触不良となり発熱するおそれがあるので注意が必要である。

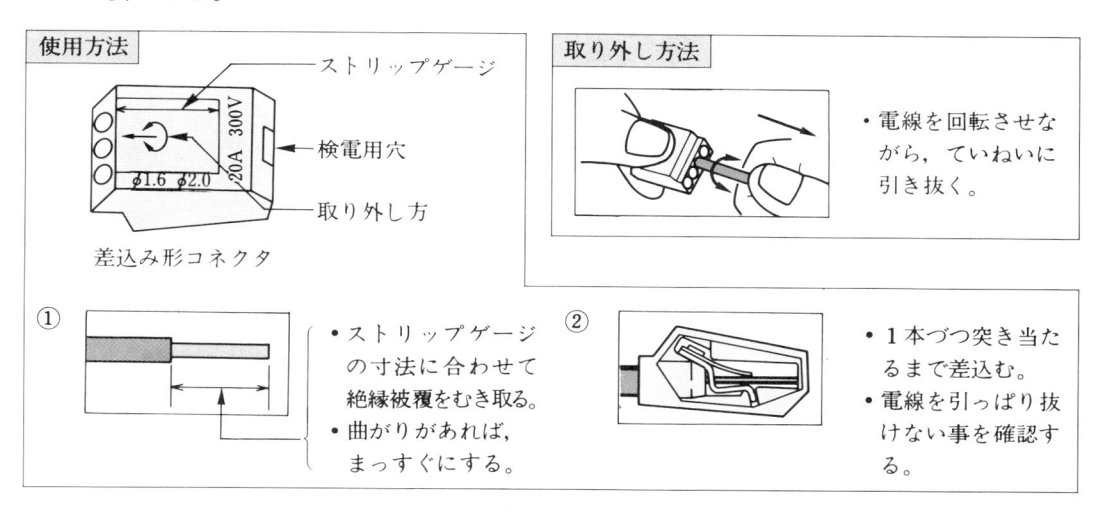

使用方法
- ストリップゲージ
- 検電用穴
- 取り外し方

差込み形コネクタ

取り外し方法
- 電線を回転させながら，ていねいに引き抜く。

① ・ストリップゲージの寸法に合わせて絶縁被覆をむき取る。
・曲がりがあれば，まっすぐにする。

② ・1本づつ突き当たるまで差込む。
・電線を引っぱり抜けない事を確認する。

［6］ 合成樹脂製可とう電線管（CD・PF管）とアウトレットボックスとの接続

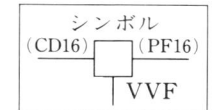

シンボル
(CD16) □ (PF16)
　　　｜
　　 VVF

合成樹脂製可とう電線管は軽くて運搬がラク，手で自在に曲げられる，ナイフで簡単に切断できる，通線性がよい等の特徴があり，管には**CD管**と**PF管**がある。
- CD管 → コンクリート埋込専用（自己消火性なし）
- PF管 → 埋込，いんぺい，露出用（自己消火性あり）

PF管をアウトレットボックスに接続するためには，まず，**合成樹脂製可とう電線管用コネクタ**を使用し，**コネクタ本体**を**ロックナット**でアウトレットボックスのノックアウト（φ19，φ25のどちらでも使用可）にしっかりと取り付ける。次に，PF管(PF16)をコネクタ本体の奥まで一杯に差し込み接続し，PF管を引っ張っても抜けないことを確認する。

PF管の取り外しは，**PF管止めナット**を**解除方向**に回してゆるめ，PF管を**引っ張る**ことにより可能となる。

合成樹脂製可とう電線管用コネクタの作りは，製造会社によって異なるが扱い方は同様である。

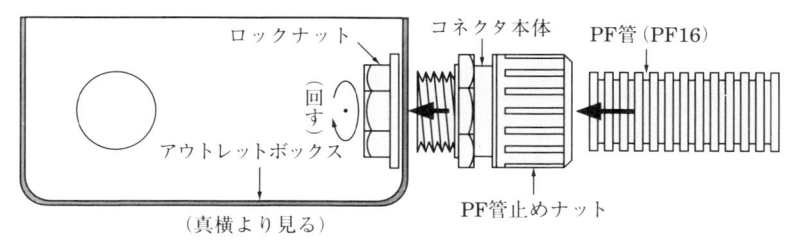

- ロックナット
- コネクタ本体
- PF管（PF16）
- アウトレットボックス
- PF管止めナット
- （真横より見る）

2-5 単位作業の練習習熟度チェック

単位作業について採点方法等一切公開されていないために自分で自己採点を行うことが困難である。そこで，本書は，工事士養成課程の指導，採点基準等を参考にし分析を行い，次のような単位作業の練習習熟度チェック法を考えた。練習をして行き自分で該当項目をチェックし練習の参考にされたい。また，本書では，チェック項目をそれぞれ，練習不足や注意が必要な場合は**H対象**，次回の練習に気を付けてもらう場合は**L対象**と表現をしている。したがって，チェックをしたときに「H対象」があればもう一度本書のその節にもどり練習をしなおし，「L対象」があれば今後注意をしてできる限り少なくするようにしてもらいたい。

[1] 単位作業の全体に対するチェック法

練習問題には，必ず施工上の注意がある。これは，工事方法など全体の注意が書かれていてもっとも基本となる事項であり，「H対象」である。

[チェック①] **指定工具以外の使用**

練習に使用する工具をチェックする。特に，リングスリーブ用圧着工具が JIS C 9711-1982 の適用品でない場合である。これは，ダイス位置とリングスリーブの大きさが一致しないため，接続不良となる。

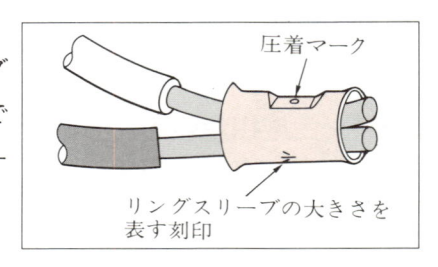

[チェック②] **材料不足および不良器具の使用**

事前に材料確認をすること。不足材料または器具不良のまま作業を開始した場合，あるいは作業ミスで材料が不足した場合は「L対象」になる。ただし，ビスおよびリングスリーブは，対象外と考えよう。

[チェック③] **時間内に完成しないもの**

すべての電線相互の接続がしてないもの。スイッチ等の器具の端子にビス留めしてないものなど。

[チェック④] **接続ミスや結線ミス**

どんなにキレイに時間内に完成したとしても，コンセントに電源が接続されていないとか，スイッチでランプが点滅しないなど。

[チェック⑤] **「施工上の注意」が守られていないとき**

- 「点滅器は，非接地側点滅とする」とあるのに，接地側に点滅器が接続されている。
- 「点滅器電源側の非接地側電線は，黒色を使用する」となっているのに，白色または赤色が使用されている。
- ケーブルの接地側の電線が白色を使用していない。

以上の3例は，負荷（ランプレセプタクルなど）が，正常に点滅できたとしても施工上

適当ではない。
- 「ジョイントボックス部分の電線接続はすべて圧着接続により行うこととなっているのに，一部しかリングスリーブを使用しないで接続した。

［2］ 電線の接続方法に関してのチェック法

電線相互の接続には，直線接続・分岐接続・終端接続があり，これらの接続方法には，心線をそのまま使用して接続する場合と，スリーブやコネクタなどの器具を使用して接続する方法がある。いずれの場合も正しい接続方法を練習し，1秒でも速く練習問題を完成できればチェック数も減る。以下に述べるチェック項目に該当すれば，「H対象」となる。

［チェック⑥］ **接続方法のあやまり**
- ジョイントボックス部分で電線接続はすべて「圧着接続」により行うこととなっているのに，一部のみリングスリーブを使用して接続し，他の部分については「ねじり接続」・「ともまき接続」など，施工上の注意に反して施工した場合
- 終端接続すべき部分で，分岐接続などをした場合

［チェック⑦］ **接続部の締め付けが不完全**
- 電線の接続方法が正しく接続されていないので，接続部がゆるい場合
- 圧着接続において，リングスリーブをペンチで圧着したような場合
- 圧着接続において，リングスリーブ用圧着工具で（JIS C 9711-1982）に適合するものであっても，リングスリーブの大きさとダイス部分の歯形の位置が不適合な場合

［チェック⑧］ **電線の線心および接続部の心線の極端な損傷**

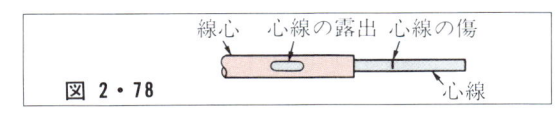

図 2・78

- 図2・78のように，電線の線心部の絶縁被覆が極端にむき取られ心線が露出している。
- 外観上，心線を著しく損傷している場合

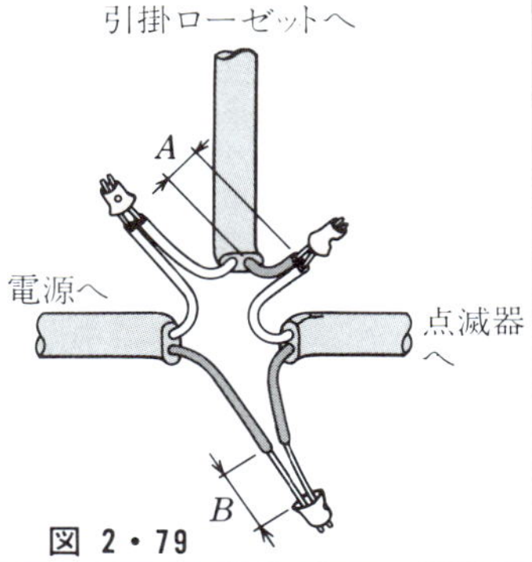

［チェック⑨］ **接続部分のテープ巻きが困難なもの**
- 図2・79のAの長さは，テープの幅程度（20 mm）以上ないと，充電部分のテープ巻きが困難となり，絶縁処理が不完全となる。

［チェック⑩］ **絶縁被覆を極端にむき過ぎたもの**
- 図2・79のBの部分は，線心絶縁被覆をむき過ぎているので，余分な作業（テープ巻き）をしなければならない。この部分の長さは，テープの幅程度（20 mm）と考える。

図 2・79

[3] 各種器具への結線に関してのチェック法

前述した電線の接続方法に関する事項とこの項目とが，2大チェックポイントである。各種器具（ランプレセプタクル，スイッチ類，コンセント・パイロットランプ）およびこれらを取付ける連用取付け枠の結線に関して，十分に練習する必要がある。以下に述べるチェック項目に該当すれば，「H対象」となる。

[チェック⑪] **器具の誤まった使用**

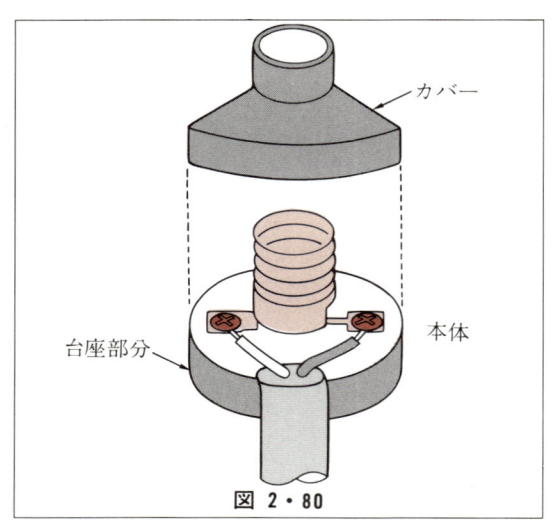

- ランプレセプタクルに結線するとき，図 2・80 のように電線を通す穴に入れないで台座の上から直接接続した。このため，線心がはさまってカバーがかぶせられない。
- 露出スイッチ，露出コンセント，端子付きジョイントボックス等に付いても同様である。

図 2・80

[チェック⑫] **結線部の締め付けが不完全**

- 図 2・81 のように，電線の絶縁被覆をビスではさみ込んだまま締め付けているものなど。このため接触不良となり，結線部が過熱し火災事故を誘発する原因となる。

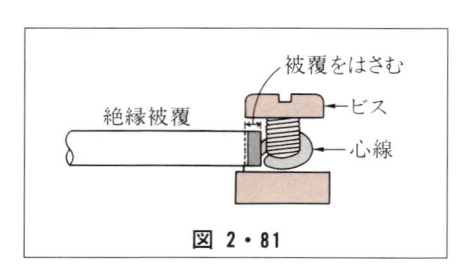

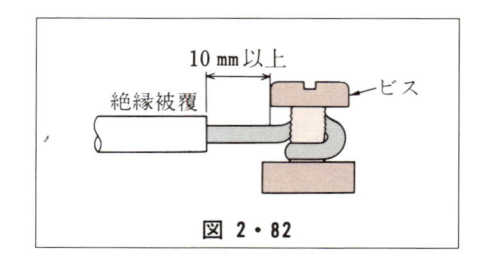

図 2・81　　図 2・82

[チェック⑬] **絶縁被覆の極端なむき過ぎ**

- 図 2・82 のように，結線部の絶縁被覆の著しいむき過ぎは，充電部を露出することになり，非常に危険である。このため，この部分の長さの限度として心線径の5倍程度（10 mm）と考える。

[注意] 絶縁被覆の極端なむき過ぎは，

- 電線相互の接続では，20 mm 以上，と考える。
- 器具との結線部では，10 mm 以上

［チェック⑭］ **結線部の電線を引っ張って外れるもの**
- 心線をはさみ込んで結線するものは，ビスの締付け不良が原因である。
- 結線部が差込み式になっているものは，所定の差込み長さ（ストリップゲージが器具の裏面などに表示されていることが多い）まで絶縁被覆のむき取りができていない場合は，締め付けが不完全であることが多いので引っ張ると外れてしまう。

　図2・83に，結線図に対しての器具の取付け例を示したが，この場合はA・Bのスイッチにおいて，黒色線，白色線，赤色線，渡り線（線の色別は考えなくてよい）の結線部分である。

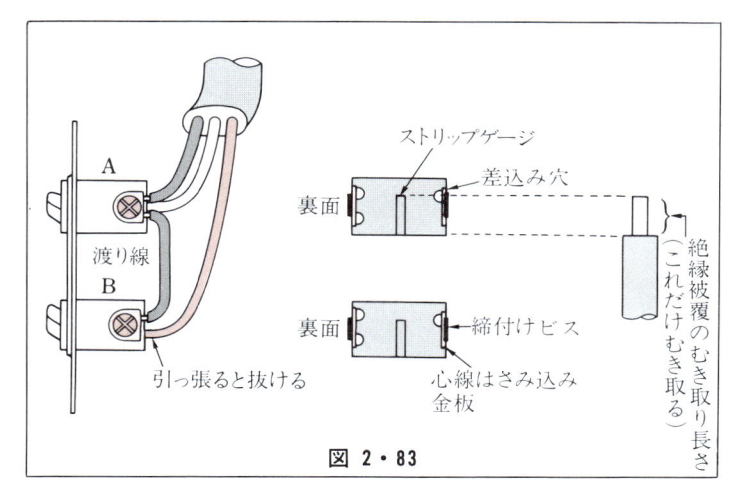

図 2・83

［チェック⑮］ **その他「L対象」のもの**

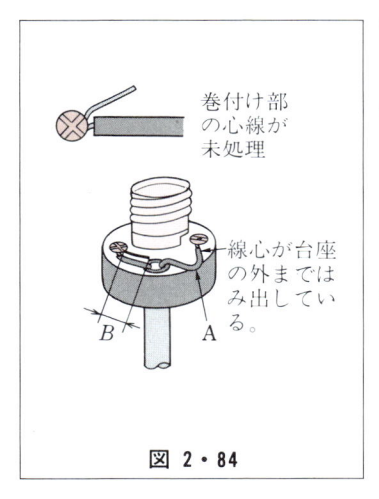

- ビス締付け部の電線巻付け長さが不足している。
- 心線の巻付け方向が，ビス締付け方向と逆になっていて，ビスを締めたとき巻付けた線がはみ出している（巻付け方向が左巻きとなっている）。
- 心線の端末処理が行われていないので，ビスの頭より先まで伸びている。

　図2・84の例では，Aの部分が長過ぎてランプレセプタクルのカバーが線心に当たって締まらない。

　Bの部分は，心線の端末が長すぎて危険である。

図 2・84

［4］ 電線管に関してのチェック法

電線管としては金属管および合成樹脂管が主である。なお，下記チェック項目があれば「H対象」となる。

［チェック⑯］ **アウトレットボックスに金属管を取り付けてない**
- ロックナットを2枚用いて，管端に絶縁ブッシングを取り付けること。

［チェック⑰］ **防護管の取り付けが不完全である**
- 電線が壁などを貫通する箇所に防護管を入れ，固定してあること。

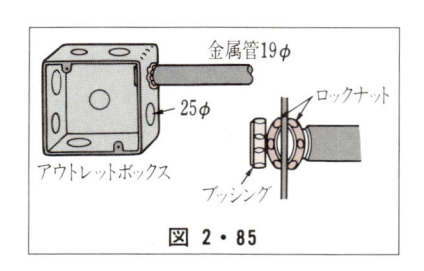

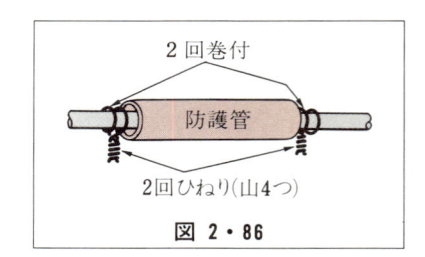

図 2・85

図 2・86

［5］ ケーブル配線工事に関してのチェック法

単位作業試験に使用される電線は，VVFケーブルであるので，この取扱い方の練習を十分し，いかに速く作業ができるかが重要である。以下に述べるチェック項目に該当すれば，「H対象」となる。

［チェック⑱］ **ケーブル外装を極端に損傷させているもの**
- 図2・87のように，外装部分の縦方向の切り込み A が2cm以上ある。
- ケーブル外装部分の横方向の切り込みが深すぎて内部の心線が容易に見える。

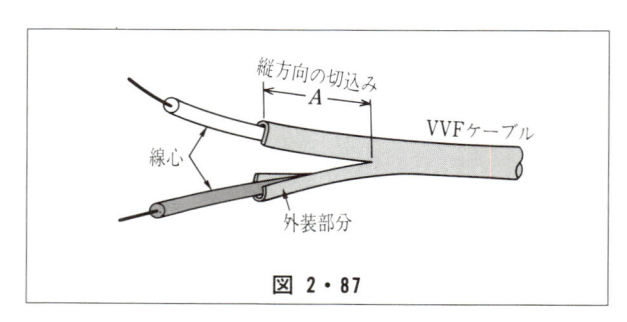

図 2・87

［チェック⑲］ **ケーブル外装のむき過ぎで，線心部分が造営材に接触するもの**

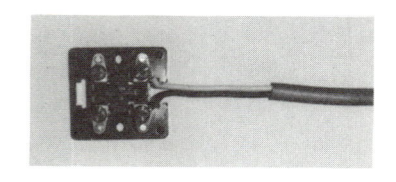

図 2・88

[6] 習熟度チェック表

前述したチェック項目を自分で調べて，単位作業の練習がどの程度完成しているかを見るために「練習習熟度チェック表」を考えた。H対象があった場合は，練習がたりないので，さらに練習するように心掛けよう。

表2・4　単位作業の練習習熟度チェック

チェック番号	対象	項　　目	チェック数(箇所)
①	H	指定工具以外の使用	
②	L	材料不足および不良器具使用	
③	H	時間内に完成しないもの	
④	H	接続ミスや結線ミス	
⑤	H	「施工上の注意」が守られていない	
⑥	H	接続方法のあやまり	
⑦	H	接続部の締め付けが不完全	
⑧	H	電線の線心および接続部の心線の極端な損傷	
⑨	H	接続部分のテープ巻きが困難なもの	
⑩	H	絶縁被覆を極端にむき過ぎたもの	
⑪	H	器具の誤った使用	
⑫	H	結線部の締め付けが不完全	
⑬	H	絶縁被覆の極端なむき過ぎ	
⑭	H	結線部の電線を引っ張って外れるもの	
⑮	L	その他，結線部のチェック	
⑯	H	アウトレットボックスに金属管を取り付けてない	
⑰	L	防護管の取り付けが不完全	
⑱	H	ケーブル外装を極端に損傷させているもの	
⑲	H	ケーブル外装のむき過ぎで，線心部分が造営材に接触するもの	
⑳	H	施工寸法が極端に異なるもの	
		上記項目を参考に，各自の習熟度をチェックする	有・無

2-6 単位作業試験の練習問題

いままでは，単位作業試験に必要な知識および技能を，各項目ごとに勉強してきたが，ここでは，それらの項目のまとめとしての練習問題を解いてみよう。単位作業をするための知識および技能は，すでに各項目ごとに修得されているが，ここでもう一度単位作業を行う上での作業の進め方を順を追って簡単に説明しておこう。

[1] 単線結線図を複線結線図に直す

問題をよく理解し，誤結線，誤接続しないように慎重に単線結線を複線結線図にする。ここで，まちがえてしまうと，もう取り返しがつかないことになる。そこで，ここでのポイントとしては，次の2項目に要約することができる。

① 電源からの接地側Nの線（白色を使用）は，スイッチ回路の場合は負荷に，コンセント回路の場合は接地側に直接接続される。

② 電源からの非接地側Lの線（黒色を使用）は，スイッチ回路の場合は，スイッチに，コンセント回路の場合は直接電圧側に接続される。

以上の二項目を分けて単線結線図を複線結線図に直した例が，図2・89である。

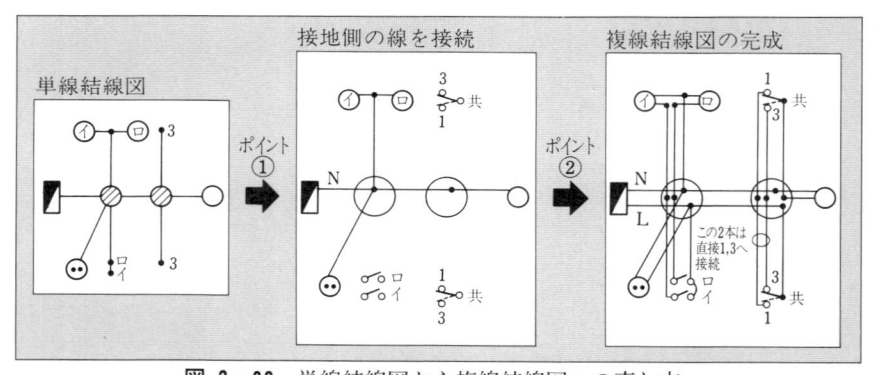

図 2・89 単線結線図から複線結線図への直し方

[2] 電線およびケーブルの切断とケーブル外装および線心被覆のむき取り

複線結線図ができたら，施行の寸法に応じて電線およびケーブルの切断とケーブル外装および線心被覆のむき取りをするのだが，使える材料は若干の余裕がある程度で，各施行箇所を長すぎて切断すると，電線が足りなくなったり，また短すぎても，接続または結線が困難になるので，適度な長さを切断する。その切断および外装および線心被覆のむき取りは次の通りである。

(1) 電線およびケーブルの切断

① 電線は外装がないので，接続の場合は，施行寸法に指定された接続方法に応じた寸法をプラスした長さを切断する。また，結線の場合は，器具への必要な結線の寸法をプラスした長さを切断する。

② ケーブルの接続は，施行寸法に線心を残す分の寸法をプラスし，さらに指定された接続方法に応じた寸法をプラスした長さを切断する。また，結線の場合は，線心を残す分の寸法をプラスし，さらに結線に必要な寸法をプラスした長さを切断する。

(2) ケーブル外装および電線被覆またはケーブル線心のむき取り

① **ケーブル外装被覆のむき取り**：接続の場合は，線心被覆を必ず **5～8 cm** ぐらい残すので，この寸法に指定された接続方法に応じた長さをむき取る。また，結線の場合は，器具に応じた線心被覆の寸法を残し，さらに結線に必要な長さをむき取る。ただし，ボックス内での器具への結線の場合の線心被覆寸法は，**5～8 cm** ぐらいとする。

② **電線またはケーブル線心のむき取り**：本章の2・1節で述べてあるので，ここでは省略する。

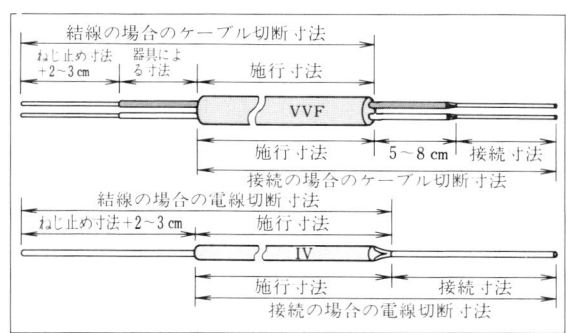

図 2・90 ケーブルおよび電線の処理寸法

[3] 電線接続と器具への結線

電線およびケーブルの切断等ができたら，接続および結線を行うのであるが，その方法は，本章の2・1節で述べてあるので，ここでは省略する。

[4] 点検と手直し

前項までで一応作業は終了したわけであるが，各接続および結線の確認点検と施工図どおりに形を整えておく。また，施行図の寸法は，実際に施行すると若干の狂いが生ずるのは仕方ないが，あまり狂い過ぎないようにする。そのおよその限度は，施行寸法の**±50％**ぐらいと考える。

[5] 自己採点

次の練習問題(1)～(5)の習熟度チェック表は63ページに添付されているので各自で自己採点しよう。

練習問題(1) スイッチ回路に関する問題

図に示す低圧配線工事を，与えられた材料を使用して25分以内に完成させよ。

ただし，がいし，ジョイントボックス，スイッチボックスおよびシーリングライトは省略し，電線，ランプレセプタクル等は板に取り付けないものとする。

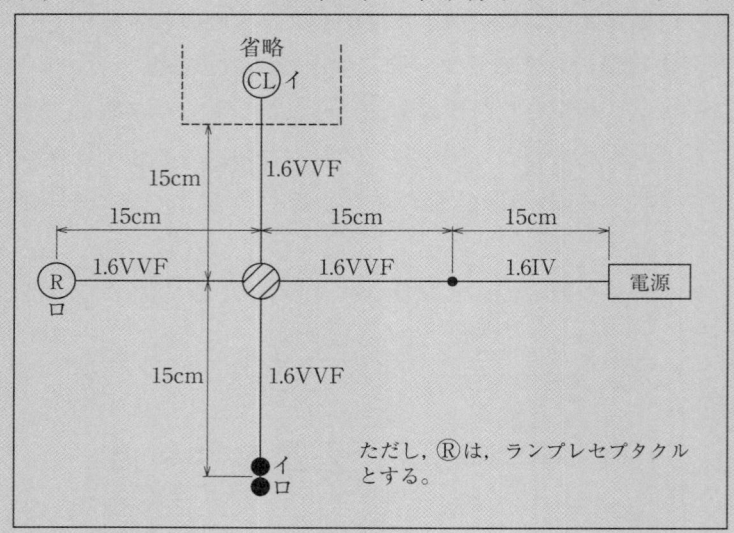

（図：配線図）
- 省略 CL イ
- 15cm 1.6VVF
- 15cm　15cm　15cm
- R（ロ）—1.6VVF—〇—1.6VVF—●—1.6IV—電源
- 15cm 1.6VVF
- ●イ ●ロ

ただし，Rは，ランプレセプタクルとする。

（施工上の注意）
1. 電源側とシーリングライトの電線は，切断したままでよい。
2. IVとVVFケーブルの電線は，直線接続とし，白線側は省略する。
3. ジョイントボックス内の電線接続は，2本はねじり，3本以上はリングスリーブによる圧着接続とする。
4. 点滅器は非接地側点滅とし，点滅器電源側は黒色を使用する。
5. 接地側の電線は白色を使用する。
6. 点滅器は取付上段にイ，下段にロを取り付ける。

材　　　料	
1．600Vビニル絶縁電線　1.6mm　黒　長さ25cm	1本
2．600V平形ビニル外装ケーブル　2心　1.6mm　長さ110cm	1本
3．600V平形ビニル外装ケーブル　3心　1.6mm　長さ50cm	1本
4．ランプレセプタクル	1個
5．埋込連用タンブラスイッチ	2個
6．連用取付枠	1個
7．リングスリーブ　小	1個

練習手順

複線結線図化と接続の確認

施工上の注意を読み，接続法等をふまえて（線条数を入れる），ジョイントボックス内の接続を考える。始めに接地側（白）を接続してから，電圧側（非接地側）について接続する。

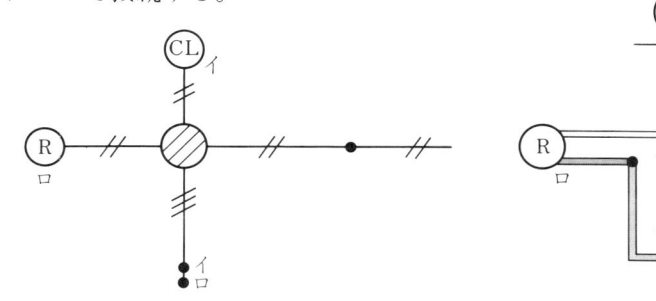

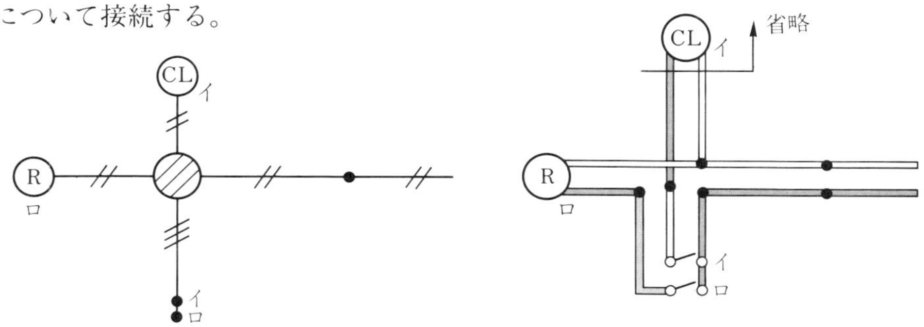

〈44ページ 図2・67参照〉

切断とむきとり寸法〔cm〕

接続の方法（リングスリーブ，とも巻，ねじり，直線接続）により外装および線心のむきとり寸法を確認，器具の省略，わたり線分を確認する。

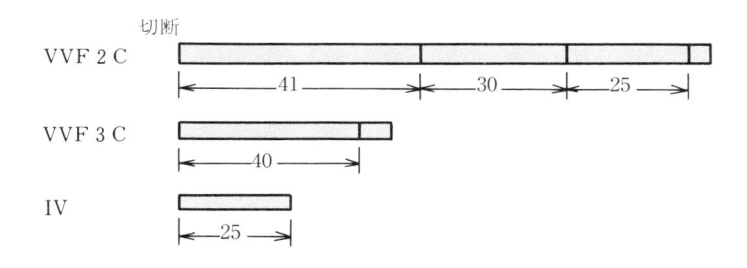

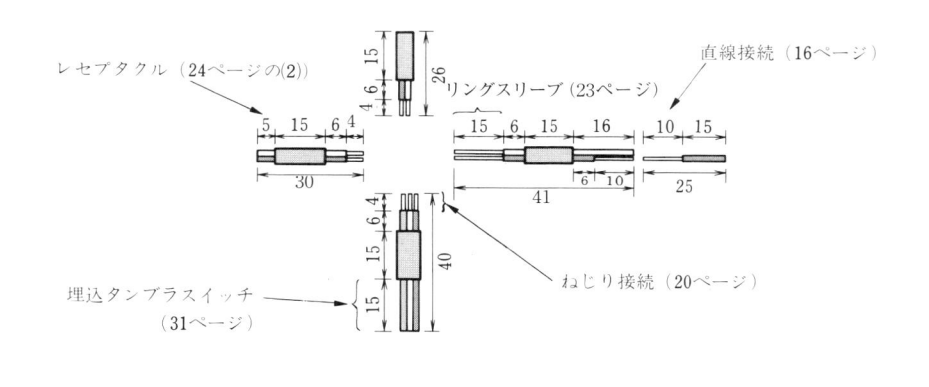

VVF 2C　切断　41　30　25
VVF 3C　40
IV　25

レセプタクル（24ページの(2)）
リングスリーブ（23ページ）
直線接続（16ページ）
埋込タンブラスイッチ（31ページ）
ねじり接続（20ページ）

重要ポイント

この問題では，スイッチボックス内にスイッチが2つあるので結線にわたり線が必要となる。そこにはスイッチボックスへ至るFケーブルの3心の黒線を使用する。次に，接続は，図のように各接続法に伴う接続を巻数および心線と線心との間隔に注意して行う。リングスリーブによる接続は23ページ，ねじり接続は20ページ，ランプレセプタクルの結線は25ページ，連用取付枠へスイッチを取り付ける場合は30ページをそれぞれ参照して行う。

完成姿成図および巻末チェック表の利用法

完成姿成図と比較をして，52ページのチェックを参考にして，巻末の練習習熟度チェック表にチェックをする。悪い箇所はくり返し練習して行く。

図中の①～⑳はチェック表およびチェック法の番号に対応している。

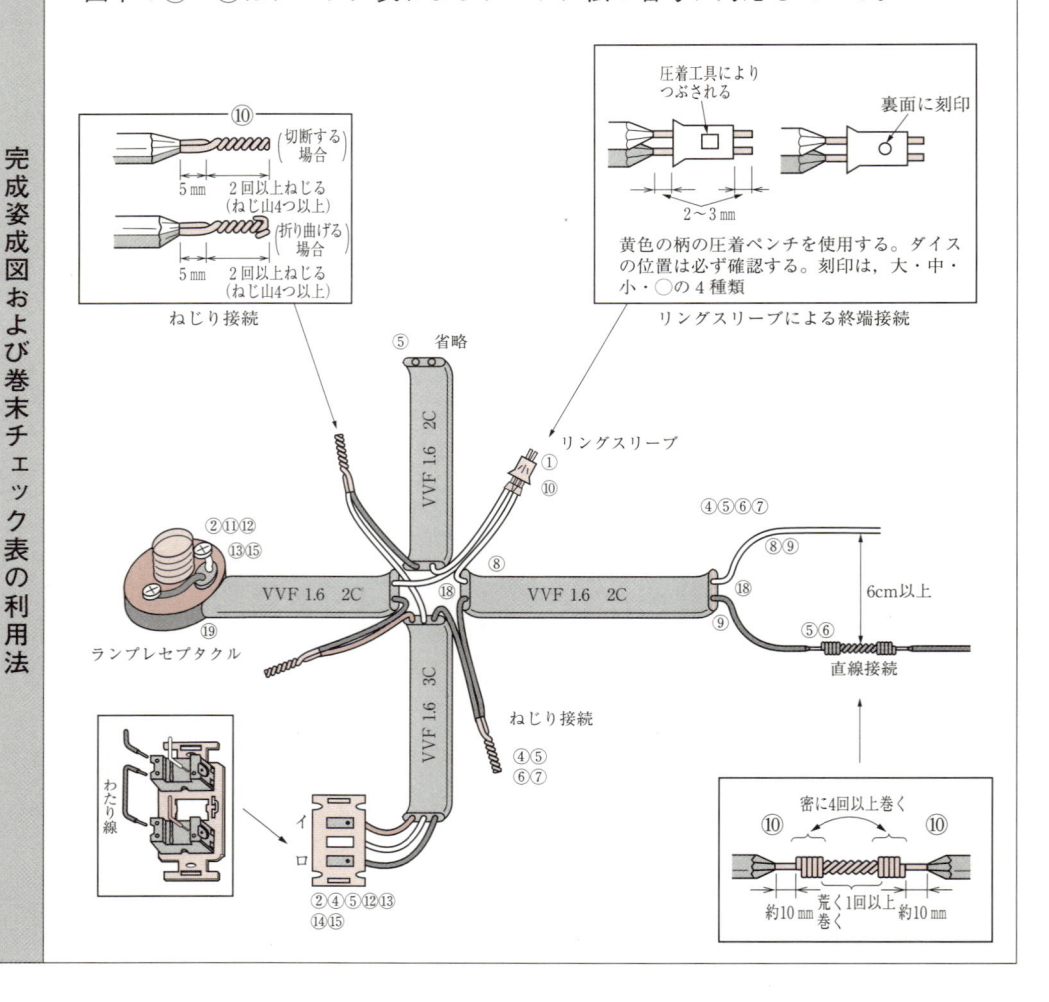

ねじり接続
（切断する場合）5mm 2回以上ねじる（ねじ山4つ以上）
（折り曲げる場合）5mm 2回以上ねじる（ねじ山4つ以上）

リングスリーブによる終端接続
圧着工具によりつぶされる 2～3mm 裏面に刻印
黄色の柄の圧着ペンチを使用する。ダイスの位置は必ず確認する。刻印は，大・中・小・○の4種類

⑤ 省略
VVF 1.6 2C
リングスリーブ ①⑩
④⑤⑥⑦
②⑪⑫⑬⑮
⑧⑨
⑧
VVF 1.6 2C ⑱ VVF 1.6 2C ⑱
6cm以上
⑨
ランプレセプタクル ⑲
⑤⑥ 直線接続
VVF 1.6 3C
ねじり接続 ④⑤ ⑥⑦
わたり線
イ ロ
②④⑤⑫⑬ ⑭⑮

密に4回以上巻く
⑩ ⑩
約10mm 荒く1回以上巻く 約10mm

単位作業の練習習熟度チェック表

チェック番号	対象	項目	課題別チェック数（箇所）				
			1	2	3	4	5
①	H	リングスリーブ接続（指定工具以外の使用，ダイスの不適合）					
②	L	材料不足および不良器具使用					
③	H	時間内に完成しないもの					
④	H	接続ミスや結線ミス					
⑤	H	「施工上の注意」が守られていない					
⑥	H	接続方法のあやまり					
⑦	H	接続部の締め付けが不完全					
⑧	H	電線の線心および接続部の心線の極端な損傷					
⑨	H	接続部分のテープ巻きが困難なもの					
⑩	H	絶縁被覆を極端にむき過ぎたもの					
⑪	H	器具の誤った使用					
⑫	H	結線部の締め付けが不完全					
⑬	H	絶縁被覆の極端なむき過ぎ					
⑭	H	結線部の電線を引っ張って外れるもの					
⑮	L	その他，結線部のチェック					
⑯	H	アウトレットボックスに金属管を取り付けてない					
⑰	L	防護管の取り付けが不完全					
⑱	H	ケーブル外装を極端に損傷させているもの					
⑲	H	ケーブル外装のむき過ぎで，線心部分が造営材に接触するもの					
⑳	H	施工寸法が極端に異なるもの					
		H対象の項目があったら，繰り返し練習すること	有・無	有・無	有・無	有・無	有・無

練習問題(2)　　ラス貫通を含むスイッチ，コンセント回路に関する問題

図に示す低圧配線工事を，与えられた材料を使用して25分以内に完成させよ。

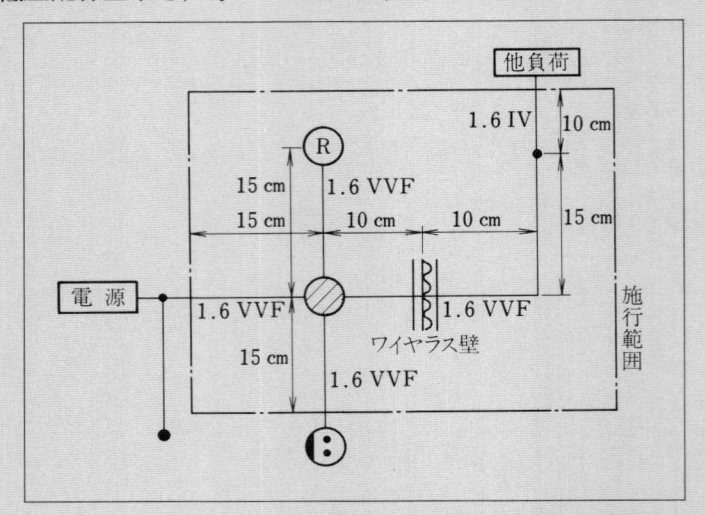

```
                          ┌他負荷┐
                                │
                         1.6 IV  │10 cm
              ┌──R──┐           ┼
              │ 1.6 VVF         │
       15 cm  │                 │15 cm
      ┌─15cm─┼─10cm─┬─10cm─┐
電源 ●───1.6 VVF─○═══1.6 VVF─┤ 施
              │  ワイヤラス壁   │ 行
       15 cm  │1.6 VVF          │ 範
              │                 │ 囲
              ⊗                 │
```

ただし，Ⓡはランプレセプタクルとする。

(施工上の注意)
1. 電源および露出コンセントに至る電線の端末は，切断したままでよい。
2. IVとVVFケーブルの電線は，Sスリーブによる接続とし，白線側は省略する。
3. 点滅器は非接地側点滅とし，点滅器電源側は黒色を使用する。
4. 接地側の電線は白色を使用する。

材　　　　料	
1．600Vビニル絶縁電線　1.6 mm　黒　長さ25 cm	1本
2．600V平形ビニル外装ケーブル　2心　1.6 mm　長さ120 cm	1本
3．600V平形ビニル外装ケーブル　3心　1.6 mm　長さ30 cm	1本
4．ランプレセプタクル	1個
5．14 mm 合成樹脂管	1本
6．1.6 mm Sスリーブ	1本
7．リングスリーブ　小	3個
8．0.9 mm 鉄バインド線	1本

練習問題(2)の解答

複線結線図 / **切断とむきとり寸法 [cm]**

完成姿成図

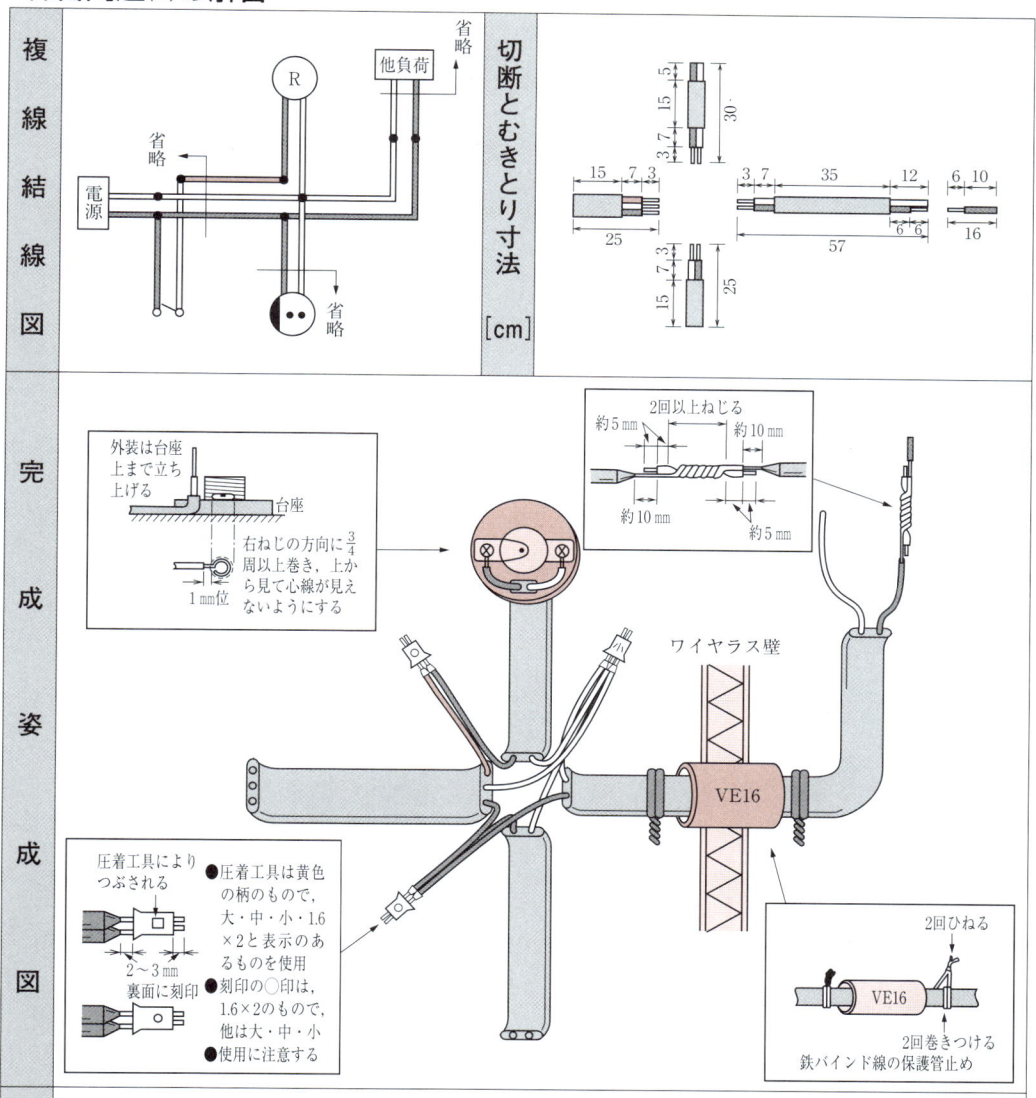

重要ポイント

　作業に入る前に，問題をよく読むことである。特に施工上の注意事項をよく理解し，作業に入る。まず，単線結線図を複線結線図に直すこと。直し終えたら電線およびケーブルを寸法図のように切断および絶縁被覆のむきとりを行う。この時，注意したいのは，電線およびケーブルの損傷である。Ⓡへのケーブルの立ち上げ（25ページ参照）に注意しながら結線を行い，次に，接続を行う。ジョイントボックス内のリングスリーブによる接続では，圧着ペンチの圧着する歯の位置に注意をする。この場合，2本接続の場合は「特小－○印」で，3本・4本接続の場合は「小」の歯の位置で圧着する。

練習問題⑶　ケーブル工事およびスイッチ，コンセント回路に関する問題

図に示す低圧屋内配線工事を，与えられた材料を使用して25分以内に完成させよ。

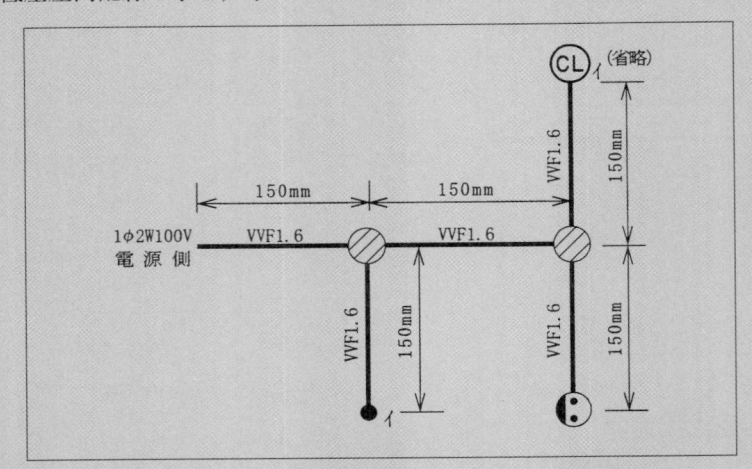

（施行上の注意）
1. ジョイントボックスは支給していないが，ジョイントボックス内の電線接続は終端接続とし，リングスリーブによる圧着接続とする。
2. 屋内配線の極性標識（色別表示）は，接地側電線（ケーブルの線心）には，白色を使用する。また，露出形コンセントの接地側極端子（近傍に文字記号でN又はWと表示してある。）には，接地側電線を接続する。
3. 点滅器は非接地側に取り付けること。
4. 露出形コンセントに結線するケーブルは，露出形コンセントのケーブル引込口（台座）を欠かずに下部から挿入する。

	材　　　　料	
1.	ビニル外装ケーブル平形　2心　1.6mm　長さ約1,200mm	1本
2.	ビニル外装ケーブル平形　3心　1.6mm　長さ約400mm	1本
3.	露出形コンセント（カバーなし）	1個
4.	埋込連用タンブラスイッチ	1個
5.	連用取付枠	1個
6.	リングスリーブ（小）	6個

練習問題(3)の解答

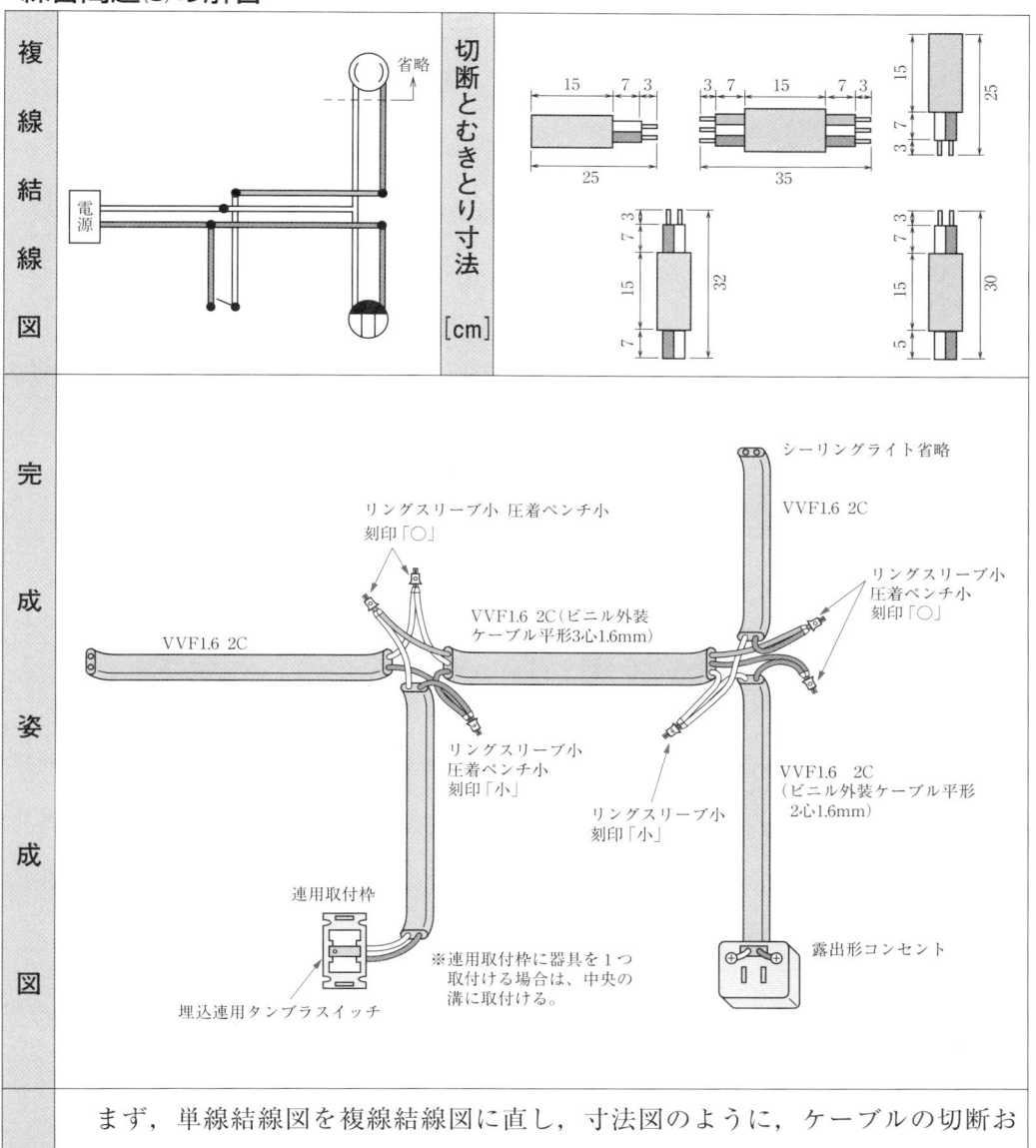

複線結線図		切断とむきとり寸法 [cm]

完成姿成図	

重要ポイント

　まず，単線結線図を複線結線図に直し，寸法図のように，ケーブルの切断および絶縁被覆のむきとりを行う。次に，スイッチおよび露出形のコンセントの結線を行う。スイッチは連用取付枠の中の位置に取り付け（30ページ参照），結線は差し込んで行う。露出形コンセントへの結線は白線が接地側，黒線が非接地側となり（26ページ参照），心線の輪作りをしてからビスを締め付ける（25ページ参照）。ジョイントボックス内のリングスリーブによる接続は，2本は「特小－○印」，3本は「小印」となるよう，圧着ペンチの歯の位置に注意して行う。

練習問題(4)　単相3線式およびパイロットランプに関する問題

図に示す低圧屋内配線工事を，与えられた材料を使用して27分以内に完成させよ。

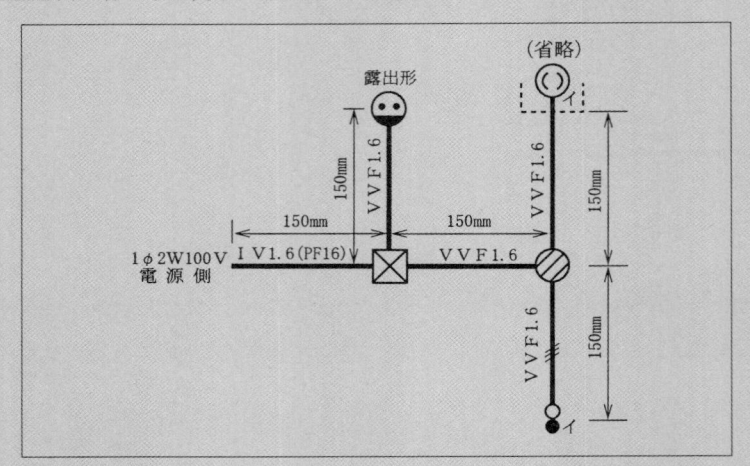

(施行上の注意)
1. パイロットランプは，引掛けシーリングローゼットと**同時に点滅**とする。
2. 屋内配線の極性標識(色別表示)は，接地側電線(ケーブルの場合は線心)には白色を使用する。
また，露出形コンセントの接地側極端子(近傍に文字記号でN又はWと表示してある。)には，接地側電線(白色の線心)を接続する。
3. 点滅器は非接地側に取り付けること。
4. VVF用ジョイントボックスは支給していないが，アウトレットボックス及びVVF用ジョイントボックス内の電線接続は終端接続とし，リングスリーブによる圧着接続とする。
5. アウトレットボックスは打抜き済みの穴を使用する。
6. 露出形コンセントに結線するケーブルは，露出形コンセントのケーブル引込口(台座)を欠かずに下部から挿入する。

材　　　料	
1. 600Vビニル絶縁電線（黒）　1.6mm　長さ約400mm	1本
2. 600Vビニル絶縁電線（白）　1.6mm　長さ約300mm	1本
3. ビニル外装ケーブル平形　2心　1.6mm　長さ約950mm	1本
4. ビニル外装ケーブル平形　3心　1.6mm　長さ約350mm	1本
5. アウトレットボックス（19mm用ノックアウト3箇所打抜き済み）	1個
6. 合成樹脂製可とう電線管（PF16）　長さ約100mm	1本
7. 合成樹脂製可とう電線管用コネクタ（PF16）	1個
8. 露出形コンセント（カバーなし）	1個
9. 埋込連用タンブラスイッチ	1個
10. 埋込連用パイロットランプ	1個
11. 埋込連用取付枠	1個
12. ゴムブッシング（19）	2個
13. リングスリーブ（小）	5個

練習問題(4)の解答

複線結線図 / **切断とむきとり寸法 [cm]**

完成姿成図

ラベル:
- 1.6 IV(白)
- PF16（合成樹脂可とう電線管）
- 合成樹脂可とう電線管用コネクタ
- 1.6 IV(黒)
- リングスリーブ小 刻印「小」
- 露出形コンセント
- VVF1.6 2C
- アウトレットボックス
- VVF1.6 2C（ビニル外装ケーブル平形2心1.6mm）
- ゴムブッシング
- リングスリーブ小 刻印「小」
- リングスリーブ小 刻印「○」
- 引掛シーリング 省略
- リングスリーブ小 刻印「○」
- わたり線(赤)
- VVF1.6 3C（ビニル外装ケーブル平形3心1.6mm）
- 埋込連用パイロットランプ
- わたり線
- 埋込連用タンブラスイッチ
- 連用取付枠

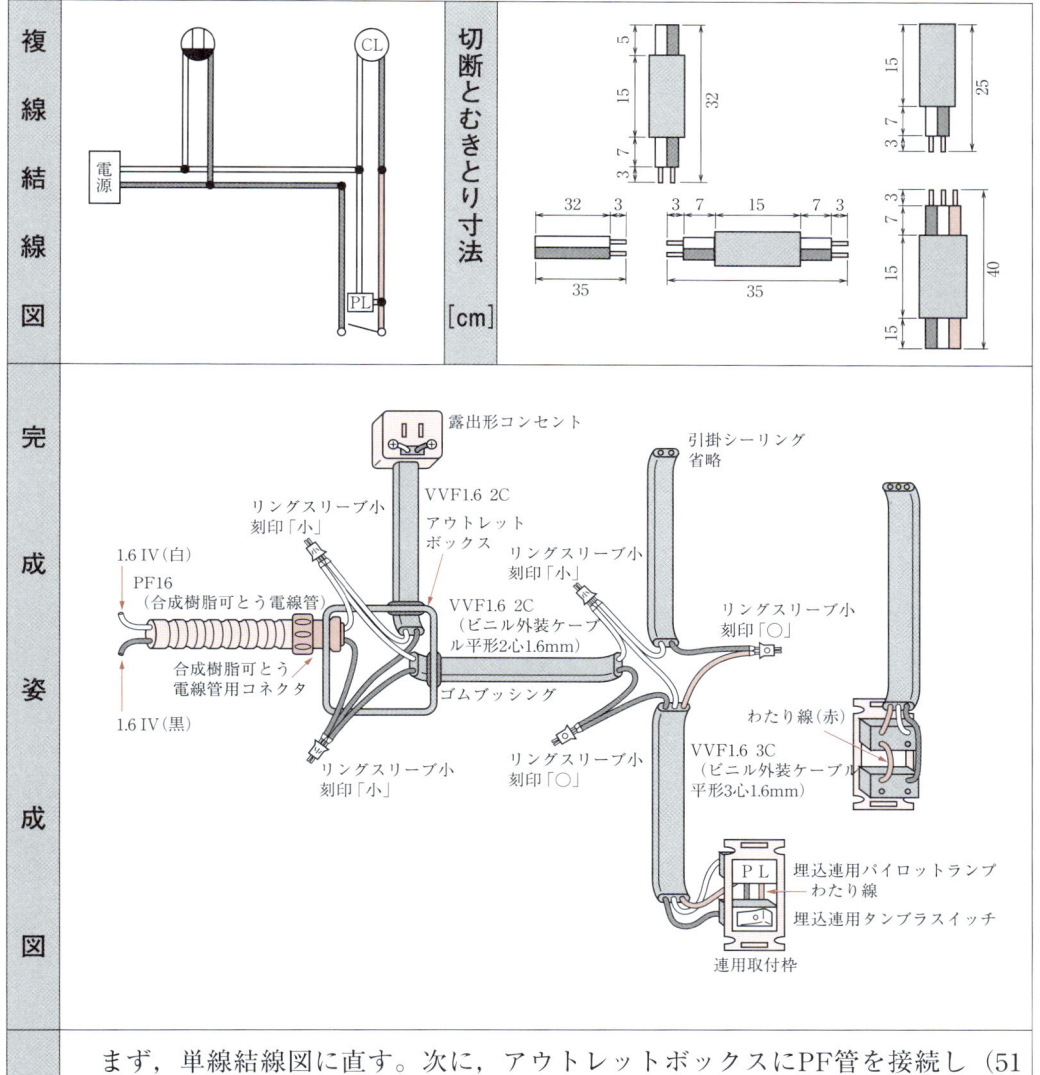

重要ポイント

　まず，単線結線図に直す。次に，アウトレットボックスにPF管を接続し（51ページ参照），ゴムブッシングを忘れずに取り付ける。この回路は2ジョイントであるため，電線・ケーブル数が多くなるので，注意して切断および被覆のむきとりを行う。次に，ジョイント部のリングスリーブによる接続は，2本は「特小－○印」，3本は「小印」となるよう，圧着ペンチの歯の位置に注意して行う。また，わたり線は，パイロットランプが同時点滅なので，スイッチ，パイロットランプへ至るFケーブルの心線の赤色を8cmぐらい使用する。最後の手直しとして，完成姿勢図のように，ジョイントボックス内でのケーブルの起こしを忘れずに行う。

練習問題(5)　3路スイッチに関する問題

図に示す低圧屋内配線工事を，与えられた材料を使用して27分以内に完成させよ。

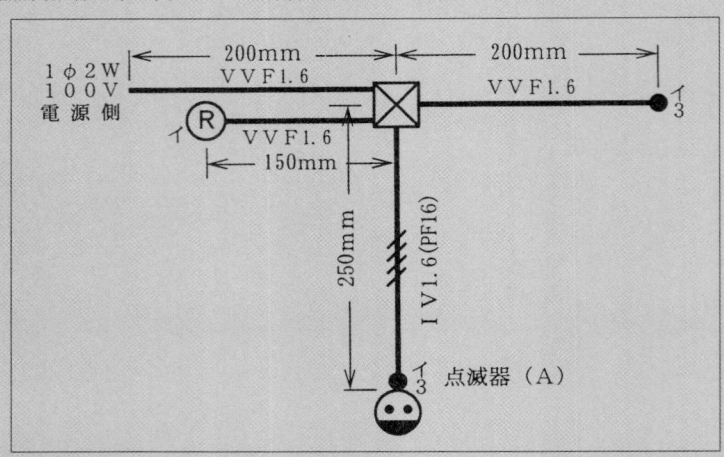

(施行上の注意)
1. 電線の色別指定（ケーブルの場合は絶縁被覆の色）
    - 接地側電線は**白色**とすること。
    - 電源から点滅器（A）までの電線（非接地側）は**黒色**とすること。
    - 次の器具の端子には，**白色**の電線を接続すること。
        ランプレセプタクルの受金ねじ部の端子
        コンセントの接地側極端子（N又はWと表示）
2. 3路スイッチの配線方法
    「0」の記号の端子には**電源側又は負荷側**の電線を接続し，「1」と「3」の記号の端子には**スイッチ相互間**の電線を接続すること。
3. アウトレットボックス
    - 打抜き済みの穴だけを使用すること。
    - ボックス内の電線は終端接続とし，
        3本の接続は，差込形コネクタによる接続
        2本の接続は，リングスリーブによる圧着接続 とすること。
4. 連用取付枠は，点滅器（A）とコンセントの取付けに使用すること。
5. ランプレセプタクルは，台座のケーブル引込口を欠かずに下部からケーブルを挿入すること。

材　　　料	
1. 600Vビニル絶縁電線（黒）　1.6mm　長さ約500mm	1本
2. 600Vビニル絶縁電線（赤）　1.6mm　長さ約700mm	1本
3. 600Vビニル絶縁電線（白）　1.6mm　長さ約400mm	1本
4. ビニル外装ケーブル平形　2心　1.6mm　長さ約600mm	1本
5. ビニル外装ケーブル平形　3心　1.6mm　長さ約400mm	1本
6. アウトレットボックス（19mm用ノックアウト3箇所 25mm用ノックアウト1箇所打抜き済み）	1個
7. 合成樹脂製可とう電線管（PF16）　長さ約100mm	1本
8. 合成樹脂製可とう電線管用コネクタ（PF16）	2個
9. 埋込連用コンセント	1個
10. 埋込連用3路タンブラスイッチ	2個
11. 埋込連用取付枠	1個
12. ランプレセプタクル（カバーなし）	1個
13. ゴムブッシング（19）	2個
14. ゴムブッシング（25）	1個
15. 差込形コネクタ（3本用）	1個
16. リングスリーブ（小）	4個

練習問題(5)の解答

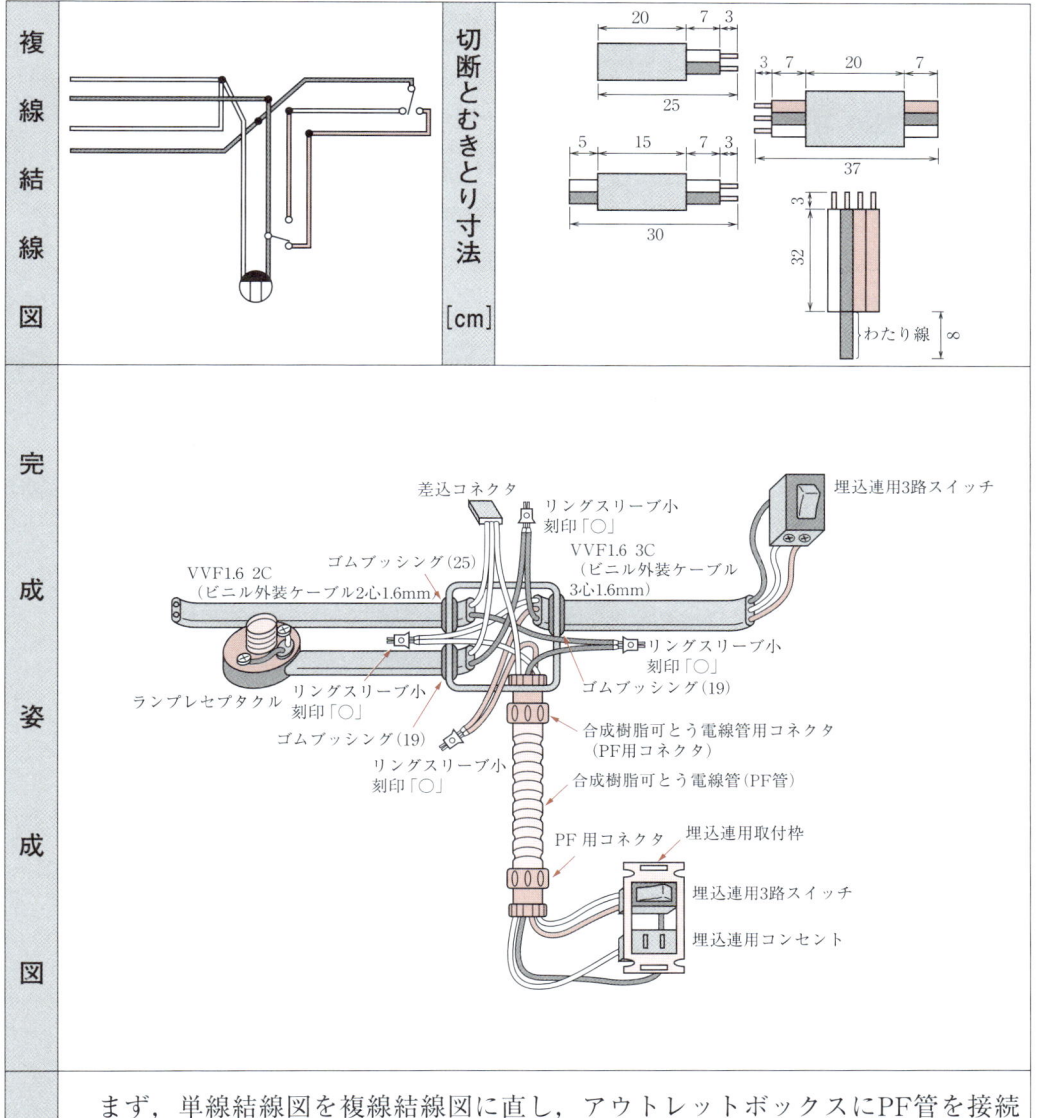

複線結線図

切断とむきとり寸法 [cm]

完成姿図

重要ポイント

　まず，単線結線図を複線結線図に直し，アウトレットボックスにPF管を接続（51ページ参照）する。この回路は3路スイッチを用いた回路であるので，3路スイッチの結線に注意する。次に，アウトレットボックス内の接続のうち，1箇所は差込形コネクタによる接続であるので，51ページの図①のように，線心は段むきとする。心線を差込形コネクタに差し込んだときに，横から見て心線が見えないように接続する。また，リングスリーブは，23ページの図④のように仕上げる。特に，IV線1.6mm 2本の接続は，表2.1のように「特小－○印」となるよう，圧着ペンチの歯の位置に注意して行う。

③ 材料工具選別試験

3-1 材料工具選別試験とは

　材料工具選別試験は，与えられた単線結線図（一般的屋内配線図）の問題から，その工事を施工するために必要な**材料**や，その**数量**および**工具**を別に配布される**カラー写真**（材料等選別写真）の中から選び出し，**答案用紙**である**マークシート**に該当部分を，鉛筆（HB）で**マーク**して解答する試験である。

　この試験は，単線結線図から完成施工物に導ける能力，正しい電気工事に必要な法規（電気設備技術基準等）の知識にのっとって，材料・工具を選別できる能力をチェックする試験である。

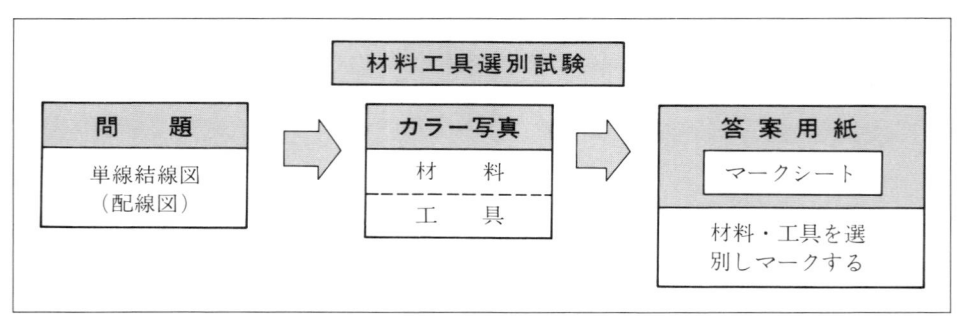

```
          ┌─────────────────────────────────────┐
          │          材料工具選別試験           │
          │  ┌─────┐    ┌─────┐    ┌─────────┐  │
          │  │問 題│ ⇒ │カラー写真│ ⇒ │答案用紙 │  │
          │  │単線結線図│  │ 材 料 │    │マークシート│  │
          │  │（配線図）│  │ 工 具 │    │材料・工具を選│  │
          │  └─────┘    └─────┘    │別しマークする│  │
          │                            └─────────┘  │
          └─────────────────────────────────────┘
                          図 3・1
```

　材料工具選別試験の答えは問題の中にあるとよくいわれる。見間違い，かん違い，見落し等の単純ミスをなくすことが合格するために非常に重要となってくる。
　例えば，試験問題の中にある「注意事項」には，重要なヒントとなるべきことがかくされているし，また答案用紙記入上の「注意事項」もよく読んで，間違えのないようにしなければならない。

　では，実際に材料工具選別試験問題を解くには，どう考えたらよいのであろうか。図 3・2 に解答手順と各手順に対するポイントを示した。

　(注) 材料工具選別試験の答えの数は，材料，数量，工具を含めて 40 あるいは 45 個の場合が多いようである。

3・1 材料工具選別試験とは 73

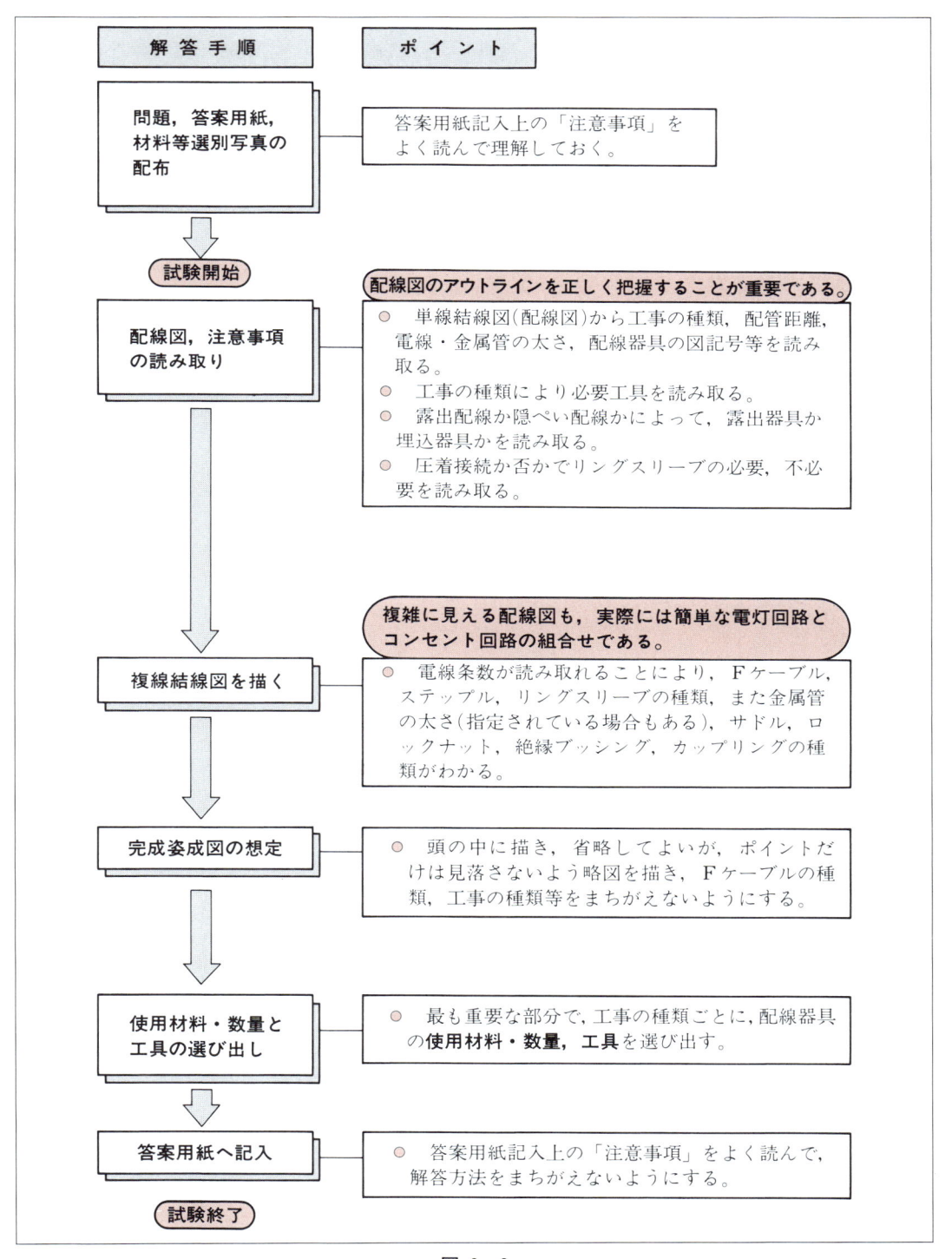

解答手順	ポイント
問題，答案用紙，材料等選別写真の配布	答案用紙記入上の「注意事項」をよく読んで理解しておく。
↓ 試験開始	
配線図，注意事項の読み取り	**配線図のアウトラインを正しく把握することが重要である。** ● 単線結線図（配線図）から工事の種類，配管距離，電線・金属管の太さ，配線器具の図記号等を読み取る。 ● 工事の種類により必要工具を読み取る。 ● 露出配線か隠ぺい配線かによって，露出器具か埋込器具かを読み取る。 ● 圧着接続か否かでリングスリーブの必要，不必要を読み取る。
↓	
複線結線図を描く	**複雑に見える配線図も，実際には簡単な電灯回路とコンセント回路の組合せである。** ● 電線条数が読み取れることにより，Fケーブル，ステップル，リングスリーブの種類，また金属管の太さ（指定されている場合もある），サドル，ロックナット，絶縁ブッシング，カップリングの種類がわかる。
↓	
完成姿成図の想定	● 頭の中に描き，省略してよいが，ポイントだけは見落さないよう略図を描き，Fケーブルの種類，工事の種類等をまちがえないようにする。
↓	
使用材料・数量と工具の選び出し	● 最も重要な部分で，工事の種類ごとに，配線器具の**使用材料・数量，工具**を選び出す。
↓	
答案用紙へ記入	● 答案用紙記入上の「注意事項」をよく読んで，解答方法をまちがえないようにする。
試験終了	

図 3・2

(注) 材料・工具選別試験の試験時間は，20分あるいは25分の場合が多い。

3-2 材料工具選別試験に必要な知識

[1] 図記号と材料・工具の選び方

前項で学習したように，配線図および注意事項から，この問題は，露出配線なのか隠ぺい配線なのかをよくわきまえ，露出器具を選ぶか埋込み器具を選ぶかの注意が肝要であり，ここが大きなポイントである。

名　　称	図記号
天井隠ぺい配線	———
露出配線	-------
床隠ぺい配線	— — —
床面露出配線	— — —
地中埋設配線	—・—・—

図 3・3

図記号	電線の種類・太さと電線管の太さ
1.6 IV	1.6 mm 600 V ビニル絶縁電線（IV）3 条による天井隠ぺい配線
1.6 IV (19)	19 mm の薄鋼電線管に収めた 1.6 mm 600 V ビニル絶縁電線（IV）3 条による天井隠ぺい配線
VVF 1.6×3C	1.6 mm 3 心の 600 V ビニル外装ケーブル平形（VVF）による露出配線
1.6 IV (VE 16)	16 mm の合成樹脂管（VE 16）に収めた 1.6 mm 600 V ビニル絶縁電線 3 条による天井隠ぺい配線
1.6 IV (F₂, 17)	17 mm の 2 種金属可とう電線管（F₂, 17）に収めた 1.6 mm 600 V ビニル絶縁電線（IV）3 条による露出配線

図 3・4

がいし引き工事

バインド線　小ノップがいし

メタルラス貫通部の振れ止めにも使う

IV 1.2　IV 1.6　IV 2.0　OW 2.0

VVF 1.6　VVF 2.0　VVF 1.6　VVF 2.0

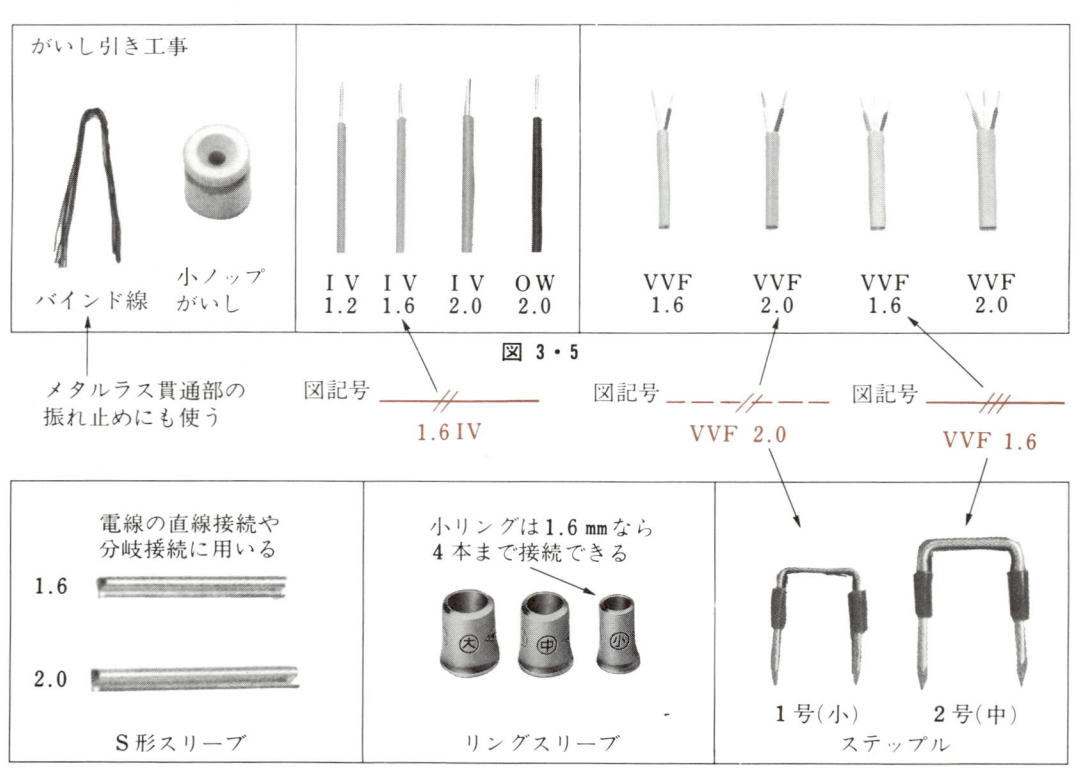

図 3・5

図記号 ——//——　1.6 IV
図記号 - - -//- - -　VVF 2.0
図記号 ——///——　VVF 1.6

電線の直線接続や分岐接続に用いる
1.6
2.0
S 形スリーブ

小リングは 1.6 mm なら 4 本まで接続できる
リングスリーブ

1 号（小）　2 号（中）
ステップル

図 3・6

3・2 材料工具選別試験に必要な知識

19 / 25 薄鋼電線管	19 / 25 ロックナット	19 / 25 ブッシング	19 / 25 サドル	19 / 25 カップリング

図記号 —///— 1.6 IV (19)

金属管工事を表し、電線管の太さが19mmであるので、その大きさのロックナット等を選ぶ

↑ 支持点間の距離は2m以下

図 3・7

VE 14 / VE 22 合成樹脂管	14 / 22 サドル	(1号) ボックスコネクタ

図記号 —///— 1.6 IV (VE16)

支持点間の距離は1.5m以下

図 3・8

2種金属製可とう電線管（プリカチューブ）

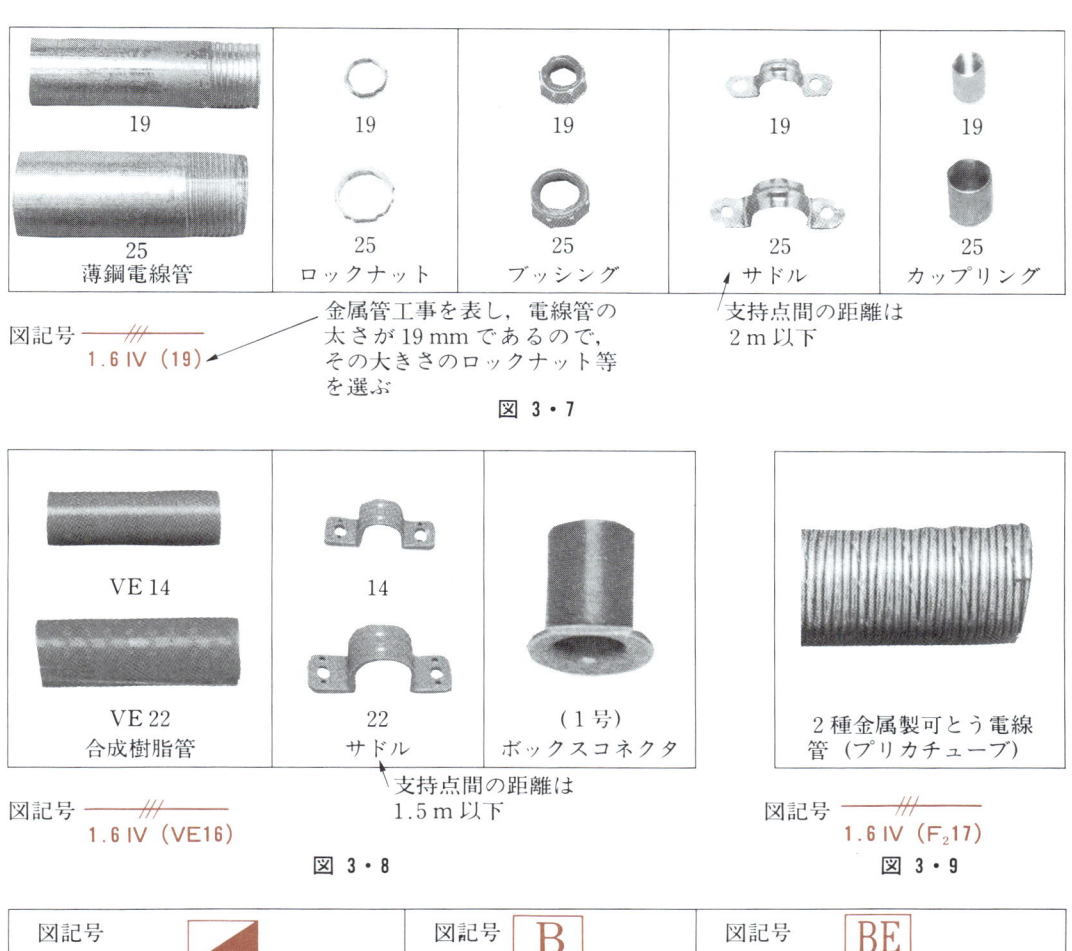

図記号 —///— 1.6 IV (F₂17)

図 3・9

図記号 ◣	図記号 B	図記号 BE
分電盤	配線用遮断器	漏電遮断器(OC付)
図記号 ⊠	図記号 ⊘	図記号 ⊘t
アウトレットボックス　ゴムブッシング	VVF用端子無しジョイントボックス	VVF用端子付ジョイントボックス

図 3・10

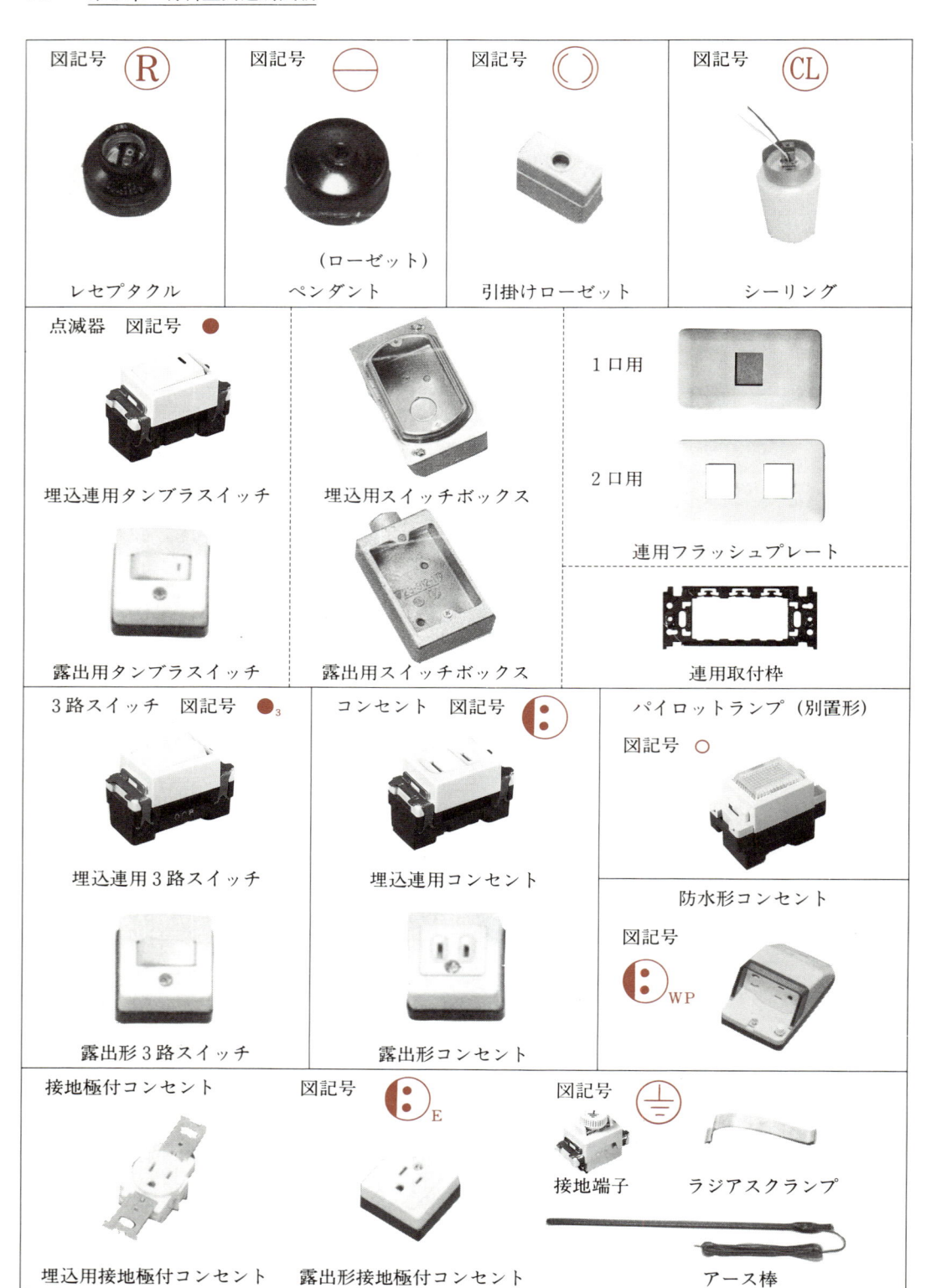

第3章 材料工具選別試験

図記号 Ⓡ	図記号 ⊖	図記号 ◡	図記号 ⓒL
レセプタクル	（ローゼット）ペンダント	引掛けローゼット	シーリング

点滅器　図記号 ●			
埋込連用タンブラスイッチ	埋込用スイッチボックス	1口用	
		2口用	
		連用フラッシュプレート	
露出用タンブラスイッチ	露出用スイッチボックス	連用取付枠	

3路スイッチ　図記号 ●₃	コンセント　図記号 ⦂	パイロットランプ（別置形）図記号 ○
埋込連用3路スイッチ	埋込連用コンセント	
		防水形コンセント 図記号 ⦂WP
露出形3路スイッチ	露出形コンセント	

接地極付コンセント	図記号 ⦂E	図記号 ⏚	
		接地端子	ラジアスクランプ
埋込用接地極付コンセント	露出形接地極付コンセント	アース棒	

図 3・11

3・2 材料工具選別試験に必要な知識   77

金属管工事で選別する工具

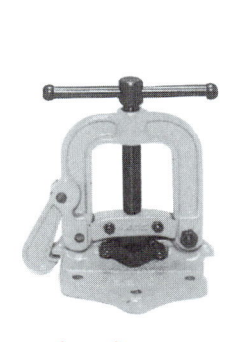

パイプバイス
これで金属管を固定し，切断・ねじ切り・面取りをする

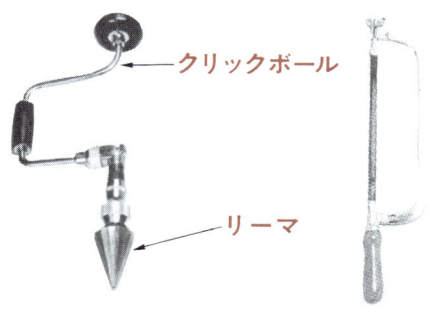

クリックボール
リーマ

クリックボールとリーマ
金属管を切断したならば管端内面のバリを削り落とし，電線を傷つけないようにするために使用

金切りのこ
金属管を切断するために使用

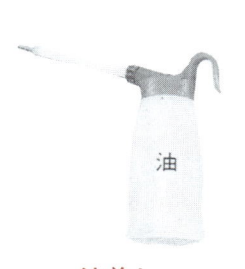

油差し
金属管を切断するときや，ねじを切るとき，注油するために使用

ウォータポンププライヤ
ロックナットや鋼製ブッシングを締付け固定するために使用

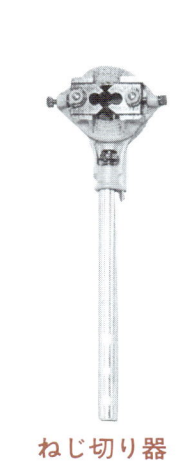

ねじ切り器
(リード型ラチェット式)
金属管にねじを切るために使用

やすり
金属管の管端のバリ処理に使用

パイプレンチ
金属管を回すのに使用

(25)用
(19)用

パイプベンダ
S形曲げ・L形曲げなど金属管の曲げ作業に使用

図 3・12

78　第3章　材料工具選別試験

ケーブル工事で選別する工具

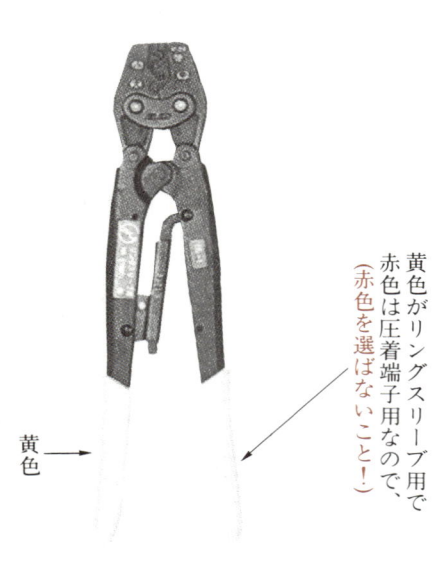

黄色がリングスリーブ用で赤色は圧着端子用なので、(赤色を選ばないこと！)

黄色 →

圧着ペンチ
リングスリーブによる圧着接続に使用

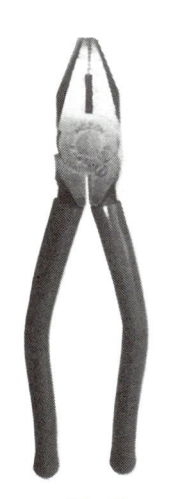

ペンチ
電線・VVFケーブルの切断・S形スリーブ等による電線の接続に使用

ワイヤストリッパー
電線の被覆のはぎとりに使用

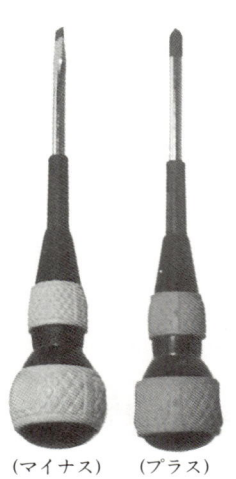

（マイナス）　（プラス）
ドライバー
点滅器やコンセントのビス止め等に使用

ハンマー
ステップルを打ち込むのに使用

電工ナイフ
電線の被覆のはぎとりに使用

図 3・13

3・2 材料工具選別試験に必要な知識

合成樹脂管工事で選別する工具

トーチランプ
ガス式 　ガソリン式
合成樹脂管を熱して直角曲げ、L形曲げなどに加工するために使用

面取り器
合成樹脂管を切断した後、管端内外面の面取りに使用

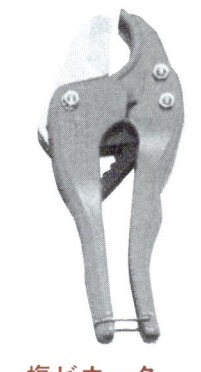

塩ビカッター
合成樹脂管の切断に使用

その他の工具

プリカナイフ(左)とプリカカッター(右)
2種金属製可とう電線管を切断するために使用

油圧式端子圧着工具
油圧を利用して大きな端子を圧着する工具。しかし、小・中・大のリングスリーブは圧着ペンチを使用する

ボルトクリッパ
ボルトや太い鉄線などを切断するときに使用。1.6mm, 2.0mm 等の電線はペンチで切断する

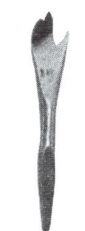

羽根ぎり
クリックボールなどに取り付けて木板などに穴をあけるのに使用。特に、引掛けローゼット等の照明器具には必要となる

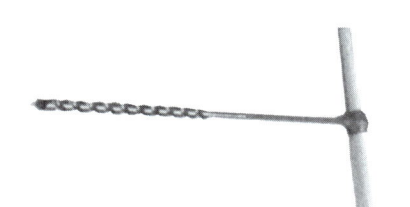

ピットオーガ
壁などに電線を貫通する場合、木材に穴をあけるために使用

ホルソ
プルボックス等一度に大きな穴をあける場合に使用

図 3・14

[2] 金属管・ケーブル工事等に最低必要な知識

金属管工事　　金属管工事の場合は，電線の条数や電線の太さによって，使用する金属管の径（最小の径）が決まるので，その関係をしっかり覚え，サイズに合ったサドル，ロックナット等を選ぶ。また，金属管の全長によってはカップリングが必要である。

表3・1　薄鋼電線管に挿入する電線本数

呼び方	1.6 mm IV線	2.0 mm IV線
19	3本まで	3本まで
25	7本まで	6本まで

表3・2　管の屈曲がなく電線引替えが容易な場合の電線本数

呼び方	1.6 mm IV線	2.0 mm IV線
19	5本まで	4本まで
25	11本まで	9本まで

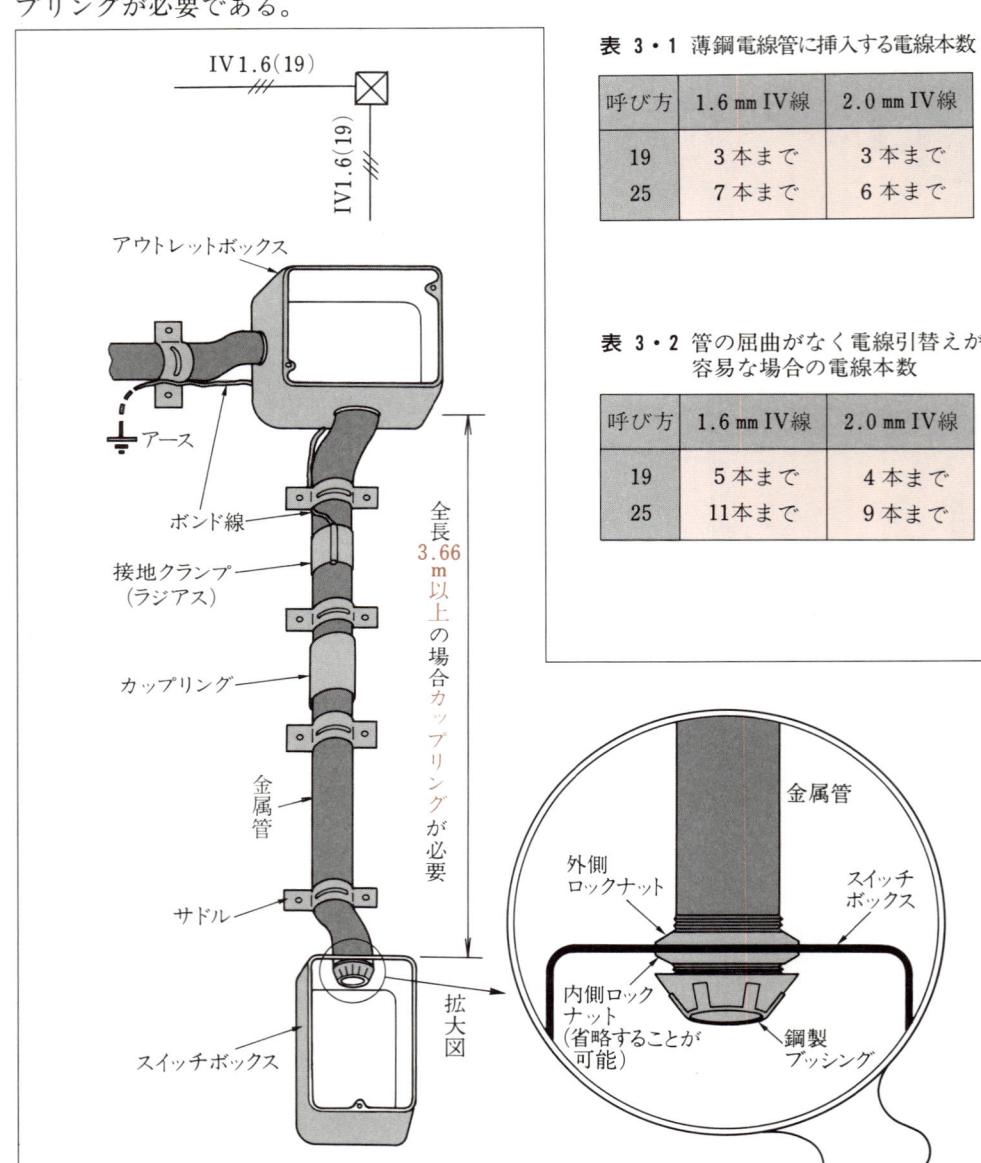

図3・15

3・2 材料工具選別試験に必要な知識

ケーブル工事

ケーブルを固定するために、ステップルを選ぶが、電線の太さや心線によってスッテプルの大きさが決まっているので、実物大と併せて覚える。また、ジョイントボックス内の接続が圧着接続の場合はリングスリーブを選ぶが、接続本数や電線の太さから、どの大きさのリングスリーブなのかも覚えること。また、スイッチボックスへケーブルが入る場合は、ケーブル外装の保護をするため、ゴムブッシングを使用する。

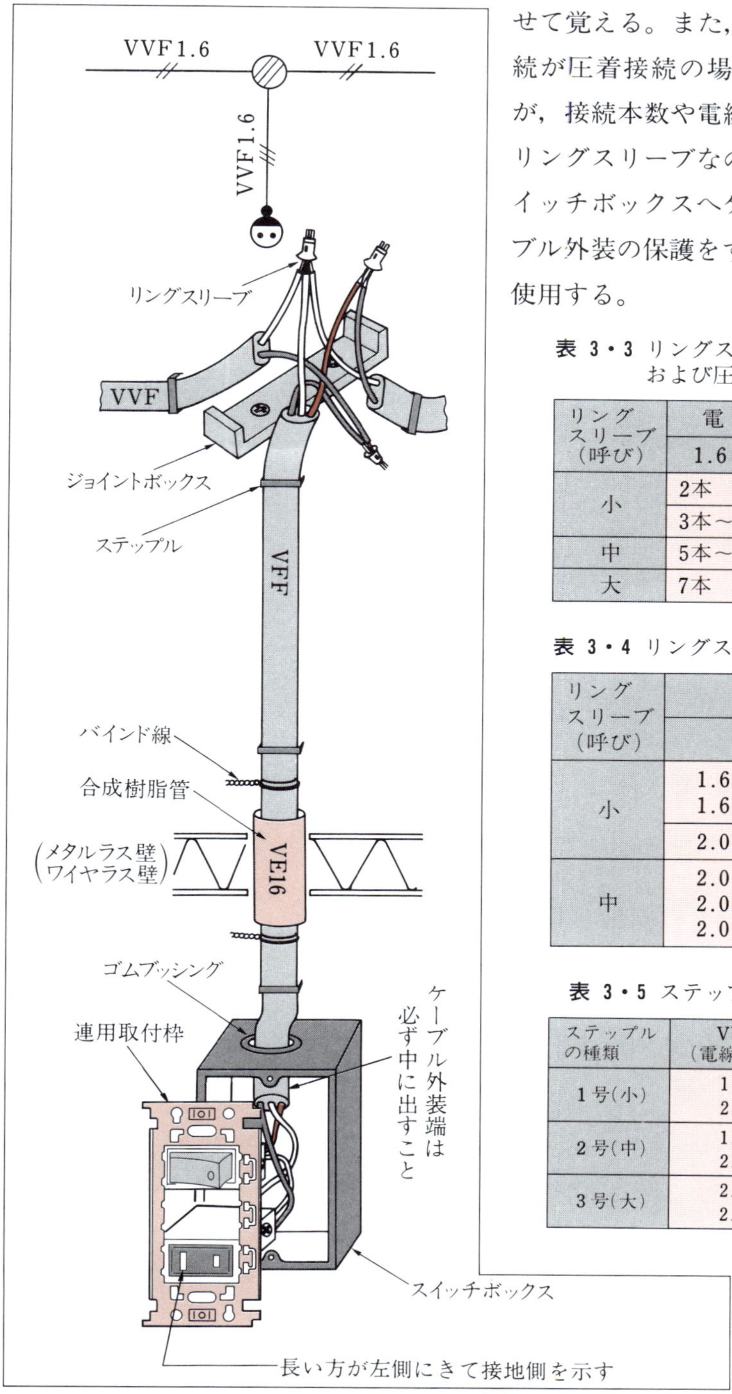

表 3・3 リングスリーブの種類と電線の本数および圧着ペンチのダイス位置

リングスリーブ（呼び）	電線の太さ		工具
	1.6 mm	2.0 mm	
小	2本	―	1.6×2 ○小
小	3本～4本	2本	小
中	5本～6本	3本～4本	中
大	7本	5本	大

表 3・4 リングスリーブの種類と組合せ本数

リングスリーブ（呼び）	電線の組み合せ本数
	異なる径の場合〔mm〕
小	1.6×1本＋0.75 mm²×1本 1.6×2本＋0.75 mm²×1本
小	2.0×1本＋1.6×1本～2本
中	2.0×1本＋1.6×3本～5本 2.0×2本＋1.6×1本～3本 2.0×3本＋1.6×1本

表 3・5 ステップルの種類

ステップルの種類	VVFケーブル（電線太さ×心線数）
1号(小)	1.6 mm×2心 2.0 mm×2心
2号(中)	1.6 mm×3心 2.6 mm×2心
3号(大)	2.0 mm×3心 2.6 mm×3心

図 3・16

合成樹脂管工事

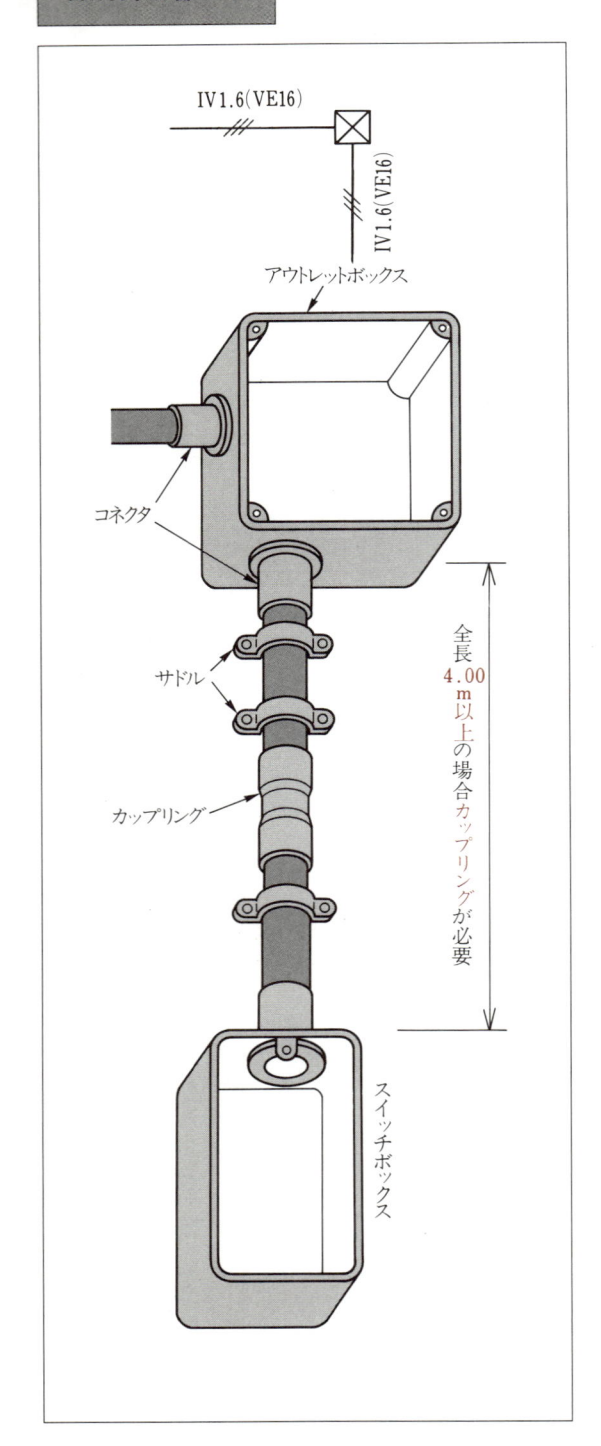

IV1.6(VE16)
IV1.6(VE16)
アウトレットボックス
コネクタ
サドル
カップリング
全長4.00m以上の場合カップリングが必要
スイッチボックス

表 3・6 硬質ビニル管に挿入する電線本数

呼び方	1.6mm IV線	2.0mm IV線
16	5本まで	4本まで
22	7本まで	6本まで

表 3・7 管の屈曲が少なく電線引替えが容易な場合の電線本数

呼び方	1.6mm IV線	2.0mm IV線
16	7本まで	6本まで
22	11本まで	9本まで

必要な工具

- 塩ビカッター（合成樹脂管の切断に使う）（金ノコ）
- 平やすり　　（断面の仕上げ）
- 面取り器　　（管端の内面,外面の削り取り）
- トーチランプ（管の曲げ，接続）
- プライヤ　　（コネクタのしめ付け）
- 接着剤

3・2 材料工具選別試験に必要な知識

ラス貫通時の必要な知識

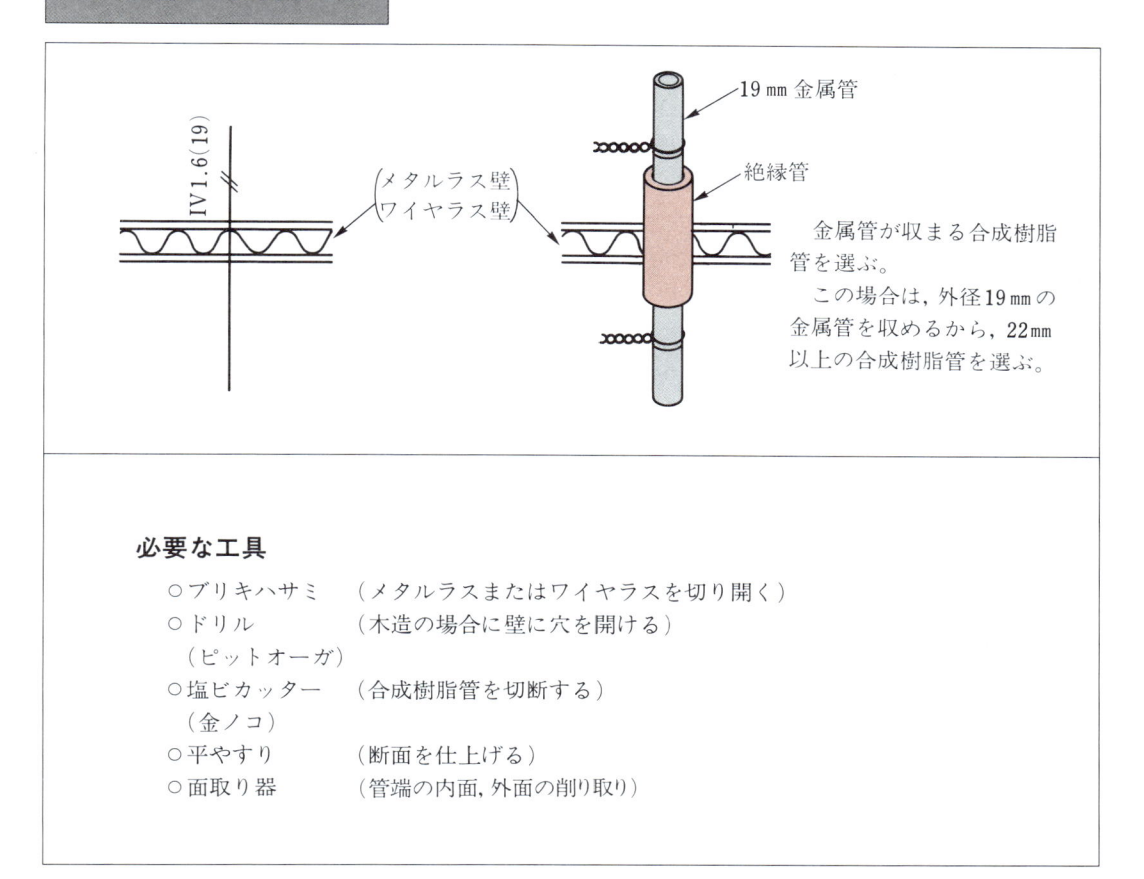

IV1.6(19)
（メタルラス壁／ワイヤラス壁）

19 mm 金属管
絶縁管

金属管が収まる合成樹脂管を選ぶ。
　この場合は，外径19 mmの金属管を収めるから，22 mm以上の合成樹脂管を選ぶ。

必要な工具

- ブリキハサミ　（メタルラスまたはワイヤラスを切り開く）
- ドリル　　　　（木造の場合に壁に穴を開ける）
  （ピットオーガ）
- 塩ビカッター　（合成樹脂管を切断する）
  （金ノコ）
- 平やすり　　　（断面を仕上げる）
- 面取り器　　　（管端の内面，外面の削り取り）

接地工事の必要な知識

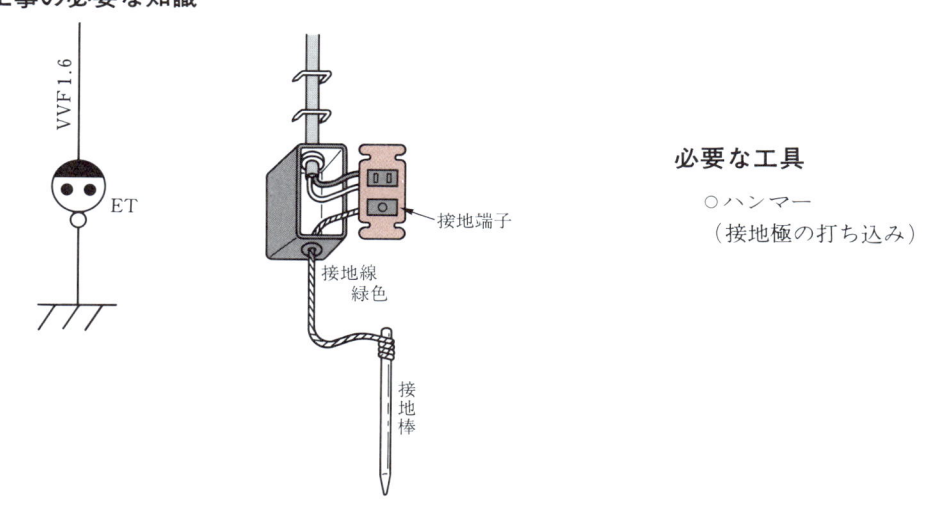

VVF1.6
ET

接地端子
接地線 緑色
接地棒

必要な工具

- ハンマー
  （接地極の打ち込み）

84　第3章　材料工具選別試験

3-3　配線図と材料工具選別法

(1) 単線結線図（配線図）で表された実際的な材料工具選別試験の問題を例にとり，材料・工具選別方法を考えてみる。**材料等選別写真は巻末に添付されている写真A**を使用する。

材料工具選別試験例題

次の図3・17に示す木造建築の低圧配線工事を施工するために必要な材料および工具を，別紙写真の中から，最も適当なものを選び，答案用紙の符号を○で囲み，かつ，必要数量を数量欄に記入〔(注)実際の試験では必要数量をマークする〕しなさい。

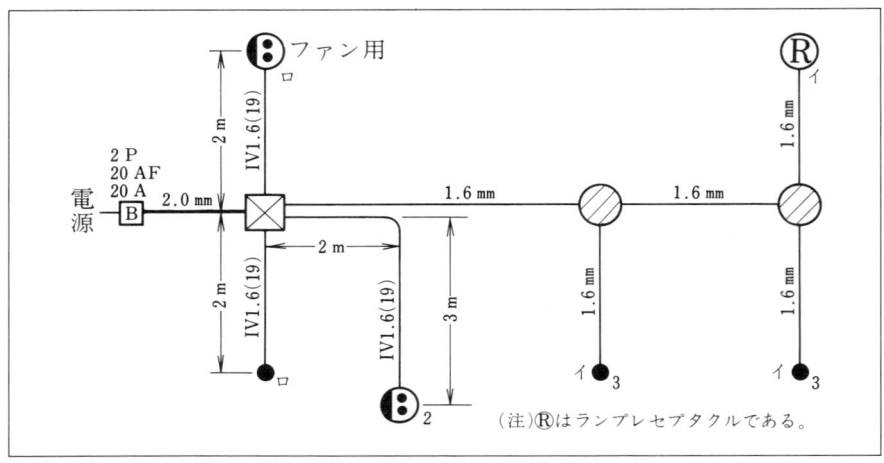

図 3・17

注意事項

1. 配線種別の記載のない部分は，ケーブル工事とする。
2. 配線工事は，隠ぺい配線とする。
3. 金属管への接地工事は省略する。
4. 電線のボックス内での接続は，すべて圧着接続とする。
5. 材料および工具で，写真に示していないものについては，省略してあるので選別の対象外とする。

答案用紙　〔数量の斜線部分は解答しなくてよい〕

1．材料

符号	あ	い	う	え	お	か	き	く	け	こ	さ	し	す	せ	そ	た	ち	つ	て	と	な	に	ぬ	ね	の	は	ひ	ふ
数量																												

符号	へ	ほ	ま	み	む	め	も	や	ゆ	よ	ら	り	る	れ	ろ	わ	を	ん	ア	イ	ウ	エ	オ	カ	キ	ク	ケ	コ
数量																												

2．工具

符号	A	B	C	D	E	F	G	H	I	J	K	L	M	N	O	P	Q	R	S	T

(2) 試験問題の配線図，注意事項の読み取りが終わり意味がつかめたら複線配線図（図3・21）を次の手順にしたがって描いてみる。〔(注)問題の中へ直接描く場合もある。〕

手順1―器具を配置する

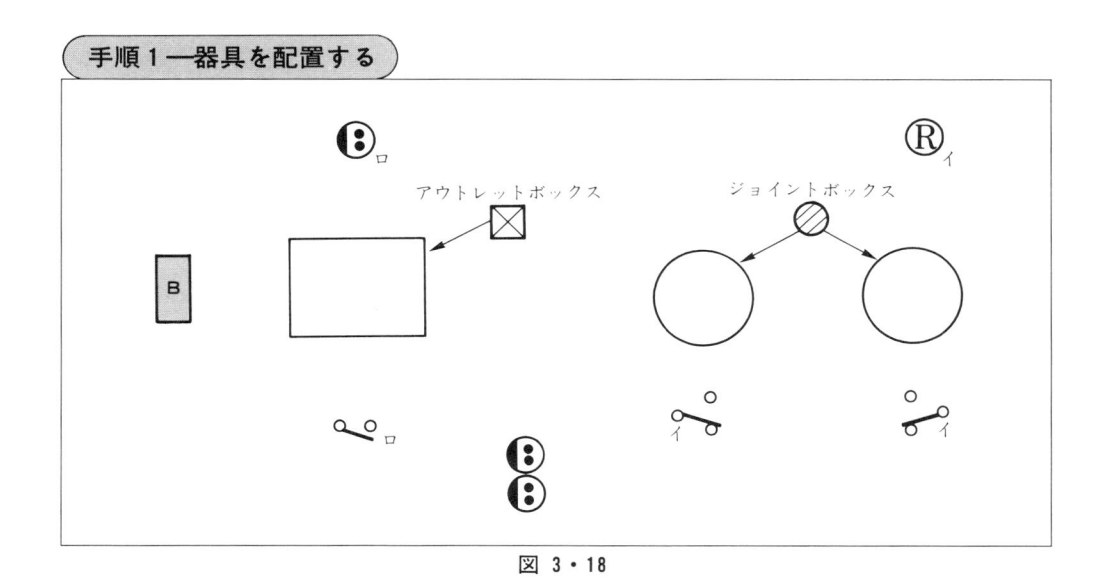

図 3・18

手順2―接地側の線（白線）を接続する

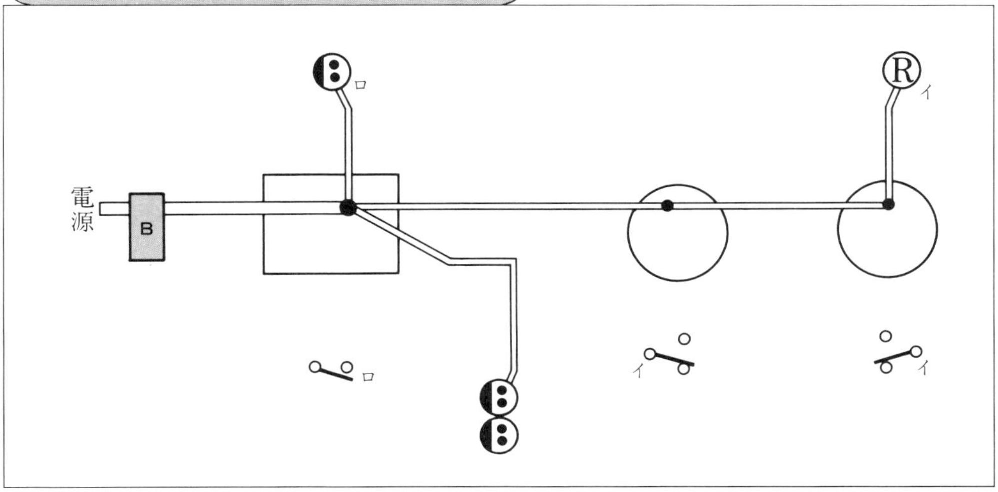

図 3・19

86　第3章　材料工具選別試験

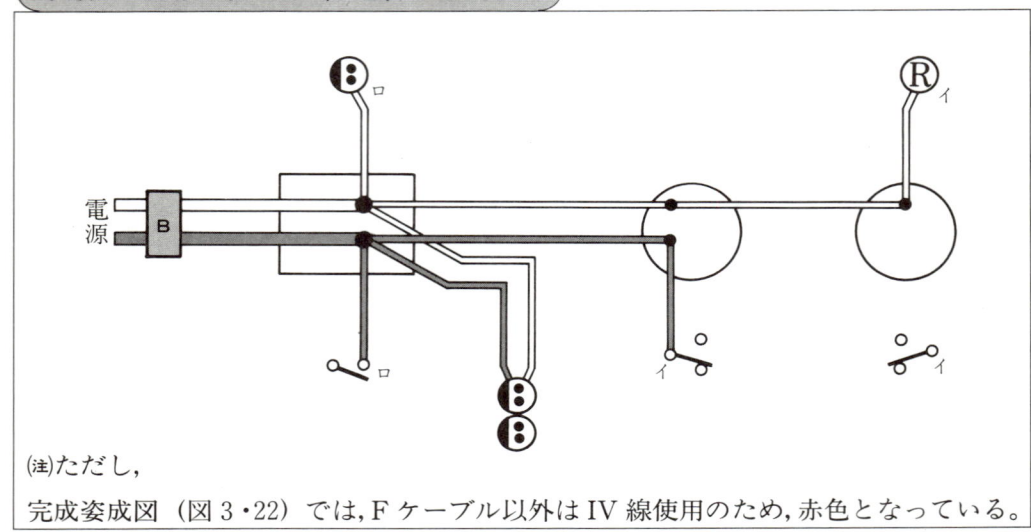

手順3―非接地側の線（黒色）を接続する

(注)ただし，完成姿成図（図3・22）では，Fケーブル以外はIV線使用のため，赤色となっている。

図 3・20

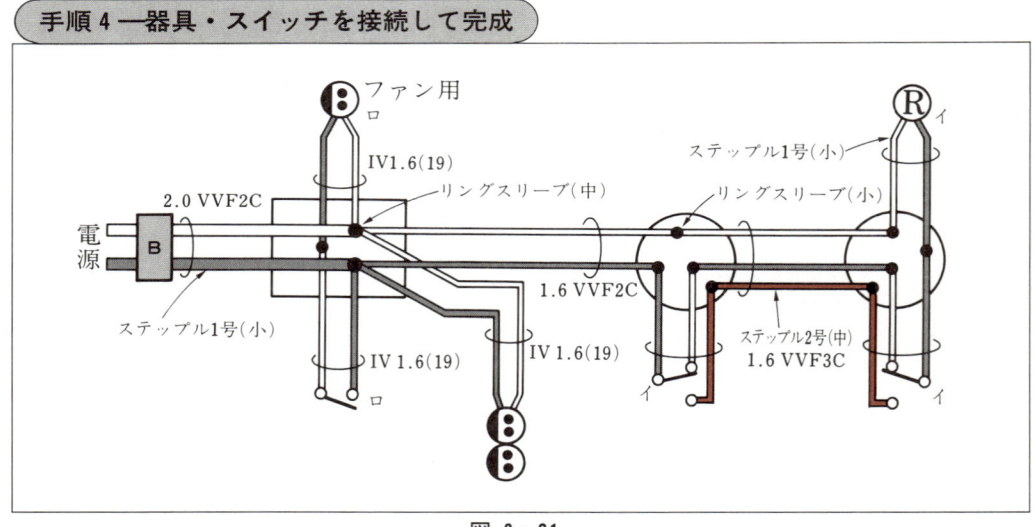

手順4―器具・スイッチを接続して完成

図 3・21

（3）　次に，完成姿成図（図3・22）の想定を行い，最後に配線図，注意事項，描かれた複線結線図等から総合的に判断して，使用材料・数量と工具を材料等選別写真（巻末に添付されている写真Aを使用する）の中より選び出していく。〔(注)材料等選別写真の並んでいる順番，つまり，あ・い・う・え……の順番に必要か否かを考え，選び出していく方法もある。〕

3・3 配線図と材料工具選別法

① **ケーブル工事**は，電源からⓎの**アウトレットボックス**までは，Ⓣの**2.0 VVF 2 心**を用い，Ⓡの**ジョイントボックス**まで，およびⓃの**ランプレセプタクル**に至る部分は，Ⓒの**1.6 VVF 2 心**を使い，Ⓝの**ステップル 1 号**(小)で固定する。ジョイントボックス間と，その下方にあるⓎの**埋込スイッチボックス**へは，Ⓣの**1.6 VVF 3 心**を使い，Ⓗの**スッテプル 2 号**(中)で固定する。そして，アウトレットボックス，スイッチボックスへのケーブル挿入口には，絶縁もかねて，Ⓚの**ゴムブッシング**を使用する。

② **金属管工事**は，3 箇所あり，IV 1.6(19)は，Ⓢの**1.6 IV 線**（600 V ビニル絶縁電線）をⒽの**薄鋼電線管**（19 mm）におさめることを意味している。付属品としては，Ⓤの**絶縁ブッシング**（19 mm 用），Ⓐの**ロックナット**（19 mm 用），および造営物に固定するのにⓀの**サドル**（19 mm 用）を用いる。施工距離が 5 m では，電線管を 2 本使用するため，Ⓞの**カップリング**（19 mm 用）が必要である。

③ **電線の接続**は，問の注意事項が圧着接続とするとなっているので，複線配線図（図 3・21）が，(2.0 mm × 1 条) + (1.6 mm × 3 条) となったところには，Ⓝの**リングスリーブ**(中)を使い，(1.6 mm × 2 条) となったところには，Ⓝの**リングスリーブ**(小)を使用する。

④ **配線器具の取付け**は，図記号で Ⓑ 2 P 20 AF 20 A は，Ⓑが配線用遮断器を，2 P が 2 極を，20 AF がフレームの大きさを示し，20 A が定格電流を表すので，Ⓞの**配線用遮断器（20 A）**を選ぶ。ランプレセプタクルを点滅させるⓀの**埋込連用 3 路スイッチ**は，Ⓨの**連用取付枠**に固定し，Ⓜの**プレート（1 口用）**で仕上げる。ファン用スイッチには，Ⓒの**埋込連用タンブラスイッチ**を用いる。Ⓚの**埋込連用コンセント**には，Ⓜの**プレート（2 口用）**を使用する。

⑤ **工具**は，ケーブル工事用として，ステップルを打つⓀの**金づち**，リングスリーブを圧着するⓆの**圧着ペンチ（黄色）**，金属管工事用として，電線管を曲げるⒶの**パイプベンダ**（19 mm 用），Ⓒの**ねじ切り器**，電線管を固定するⒹの**パイプバイス**，電線管の内側の面取りに使うⒾの**リーマ**とⓂの**クリックボール**，ねじを切る時に使うⒿの**油さし**，電線管を切るⓁの**金切のこ**，ロックナット，絶縁ブッシングを締めるⓈの**プライヤ**，そして，電線管のバリを取るⓉの**ヤスリ**が必要である。以上をまとめ，数量もひろい出してみると，次のようになる。

材料工具選別試験例題解答

1. 材料

符号	あ	い	う	え	お	か	き	く	け	こ	さ	し	す	せ	そ	た	ち	つ	て	と	な	に	ぬ	ね	の	は	ひ	ふ
数量			6																									

符号	へ	ほ	ま	み	む	め	も	や	ゆ	よ	ら	り	る	れ	ろ	わ	を	ん	ア	イ	ウ	エ	オ	カ	キ	ク	ケ	コ
数量					4	1		1	5	5																3	2	1

2. 工具

符号	Ⓐ	Ⓑ	Ⓒ	Ⓓ	Ⓔ	Ⓕ	Ⓖ	Ⓗ	Ⓘ	Ⓙ	Ⓚ	Ⓛ	Ⓜ	Ⓝ	Ⓞ	Ⓟ	Ⓠ	Ⓡ	Ⓢ	Ⓣ

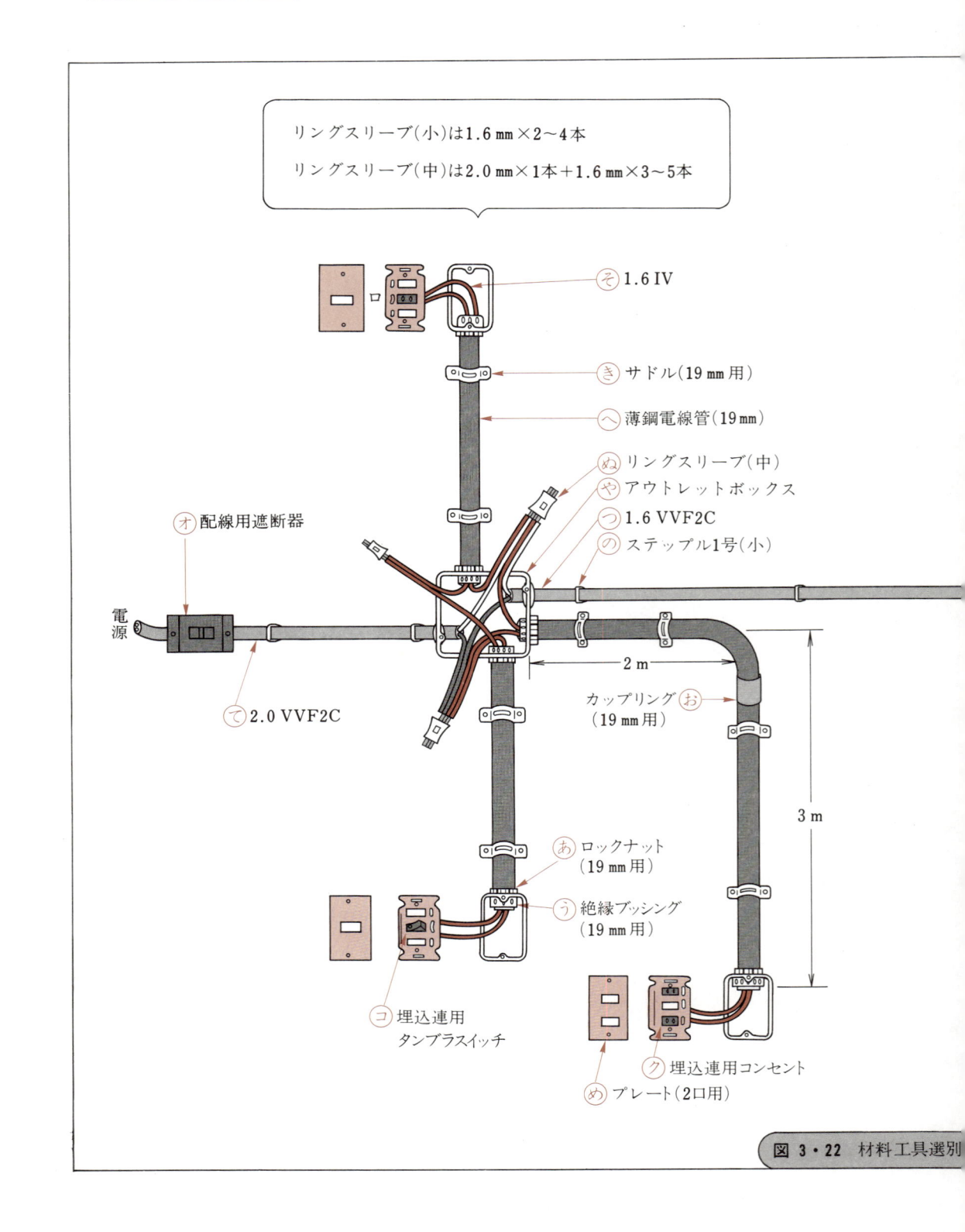

88　第 3 章　材料工具選別試験

リングスリーブ(小)は1.6 mm×2〜4本
リングスリーブ(中)は2.0 mm×1本＋1.6 mm×3〜5本

(そ) 1.6 IV
(き) サドル(19 mm 用)
(へ) 薄鋼電線管(19 mm)
(ぬ) リングスリーブ(中)
(や) アウトレットボックス
(つ) 1.6 VVF2C
(の) ステップル1号(小)
(オ) 配線用遮断器
電源
(て) 2.0 VVF2C
カップリング(お)
(19 mm 用)
(あ) ロックナット(19 mm 用)
(う) 絶縁ブッシング(19 mm 用)
(コ) 埋込連用タンブラスイッチ
(ク) 埋込連用コンセント
(め) プレート(2口用)
2 m
3 m

図 3・22　材料工具選別

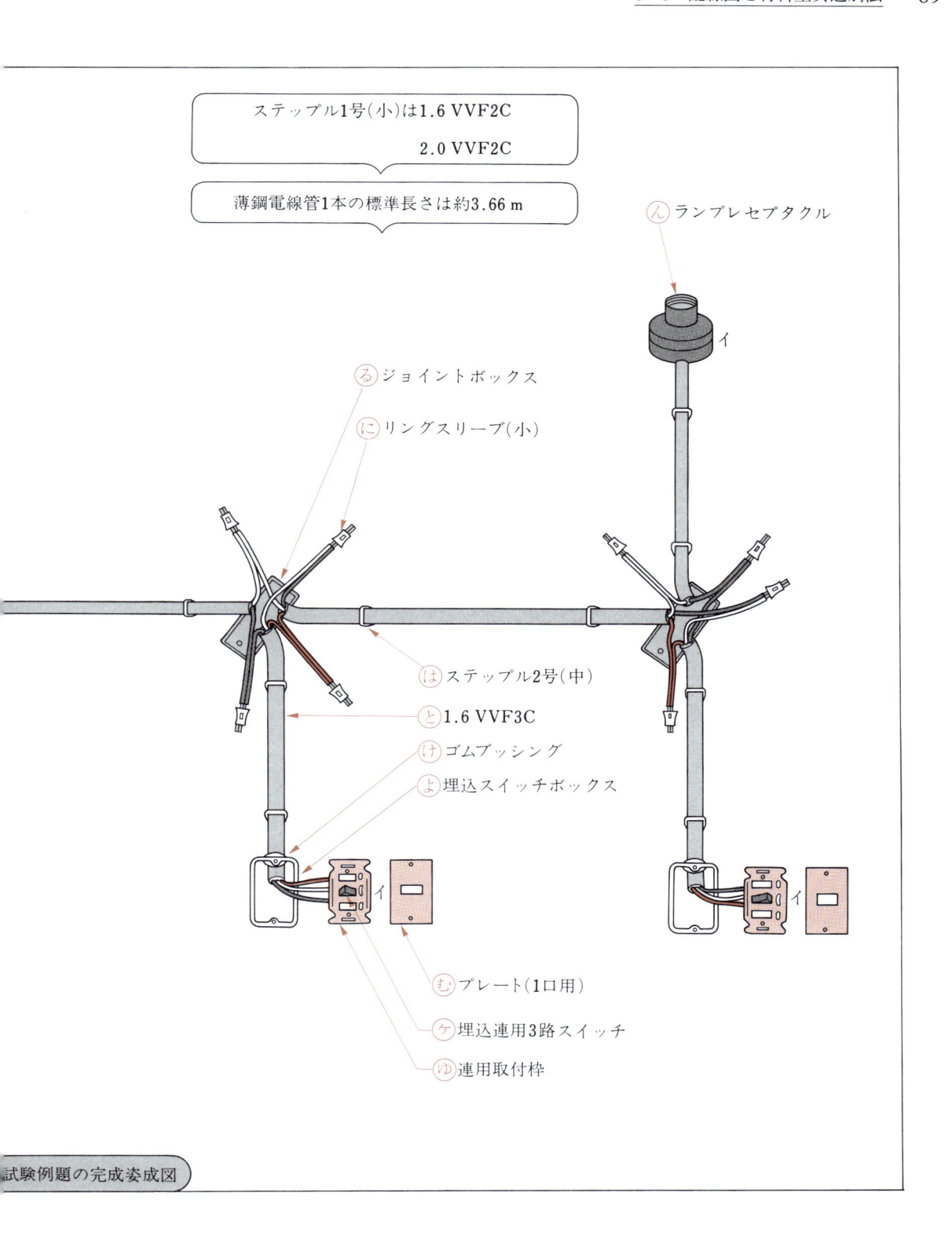

3・3 配線図と材料工具選別法　89

ステップル1号(小)は1.6 VVF2C
2.0 VVF2C

薄鋼電線管1本の標準長さは約3.66 m

(ん) ランプレセプタクル

(る) ジョイントボックス
(に) リングスリーブ(小)

(は) ステップル2号(中)
(と) 1.6 VVF3C
(け) ゴムブッシング
(よ) 埋込スイッチボックス

(む) プレート(1口用)
(ケ) 埋込連用3路スイッチ
(ゆ) 連用取付枠

試験例題の完成姿成図

材料工具選別試験 練習問題 No1

巻末の〔写真A〕材料等選別写真を用意して、前節で勉強した手順に従い解答する。

答案用紙は、実際に試験で用いられている形式をとっているので、記入方法にも慣れよう。

次の図に示す低圧配線工事を施工するために必要な材料及び工具を、写真に示す符号「あ」「い」「う」……の材料、「A」「B」「C」……の工具及び「1」「2」「3」……の数値のうちから、最も適当とするものを選び、「答案用紙記入上の注意事項」になろって、25分以内に答案用紙に記入しなさい。ただし、答案欄の空白部分は記入しないこと。

〔試験時間 25分〕

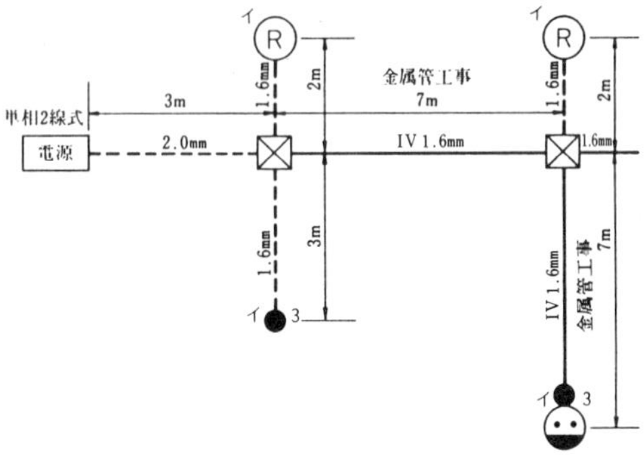

答案用紙記入上の注意事項

(1) 筆記用具は、**濃度HBの黒鉛筆**を使用してください。
(2) 記入を訂正する場合には「プラスチック消しゴム」で完全に消して下さい。また、消しくずは残さないようにしてください。
(3) マークに当たっては、右の例にならって記入してください。
(4) 答案用紙には**試験地、受験番号、氏名、生年月日**を記入することになっていますが、特に受験番号は正しくマークしているか受験票と照合して確認してください。

(マーク記入例)

	良い例	悪い例
記入例	●	◐ ⦵ ✕

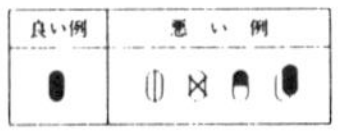

(受験番号記入例)

受験番号 2950476 の場合

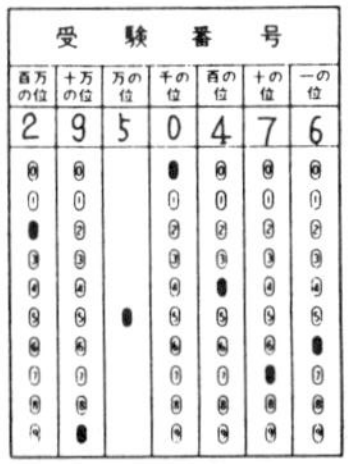

受	験	番		号			
2	9	5	0	4	7	6	

(5) 問題の解答については、次の例にならって答案用紙の解答欄に記入してください。

(解答記入例)
符号「あ」の材料が3個と「ら」の材料が必要で、「い」「え」の材料は不必要な場合

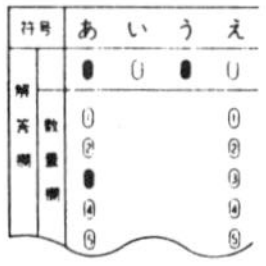

符号「A」「C」のエ具が必要で、「B」の工具は不必要な場合

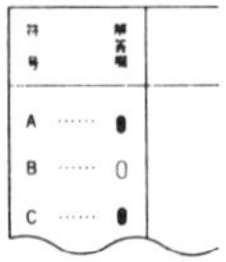

符号	あ	い	う	え
	3		0	0

符号	A	B	C
	●	0	●

(6) 枠で囲まれた記入欄以外の余白及び裏面には、何も記入しないでください。

次の図に示す低圧配線工事を施工するために必要な材料及び工具を、写真に示す符号で、写真に示していないものについては、省略してあるので選別の対象外とする。

〔注意事項〕

1. 配線種別の記載のない部分は、ケーブル工事とする。
2. 三路点滅器は、⑱を2個とも同時に点滅するものとする。なお、⑱はレセプタクル を表す。
3. 電線のボックス内での接続は、すべて圧着接続とする。
4. 電線数と管の太さの関係は、下表による。

電 線 数	管の太さ (mm)
1.6 × 1〜3本	19
1.6 × 4〜7本	25

5. 材料及び工具で、写真に示していないものについては、省略してあるので選別の対象外とする。

材料工具選別試験 練習問題答案用紙 No1

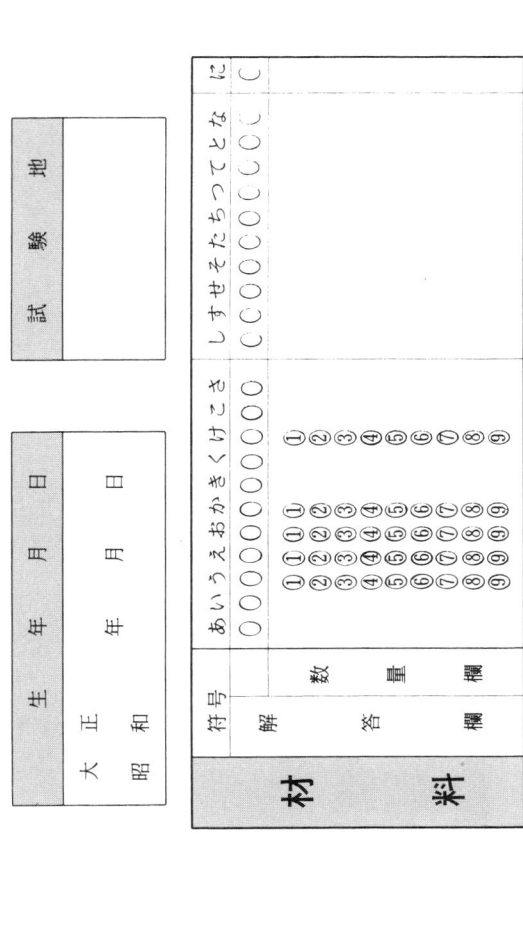

試験地

生年月日
大正　年　月　日
昭和　年　月　日

氏名

受験番号

記入方法

わるい例	よい例
◐ ◑ ⦿ ◍ ◒ 小さすぎる ほそすぎる うすい ◉ 大きすぎる	●

材料

符号	解　答　欄	数　量　欄
	あいうえおかきくけこさしすせそたちつてとな に	①②③④⑤⑥⑦⑧⑨

2. 工具

符号	解答欄	符号	解答欄	符号	解答欄
A	○○○○	I	○○○○	Q	○○○○
B	○○○○	J	○○○○	R	○○○○
C	○○○○	K	○○○○	S	○○○○
D	○○○○	L	○○○○	T	○○○○
E	○○○○	M	○○○○		
F	○○○○	N	○○○○		
G	○○○○	O	○○○○		
H	○○○○	P	○○○○		

ぬねのはひふくほまみむめもやゆよらりるれろわをんアイウエオカキクケコ
①②③④⑤⑥⑦⑧⑨

練習問題 No1 完成姿成図・複線結線図

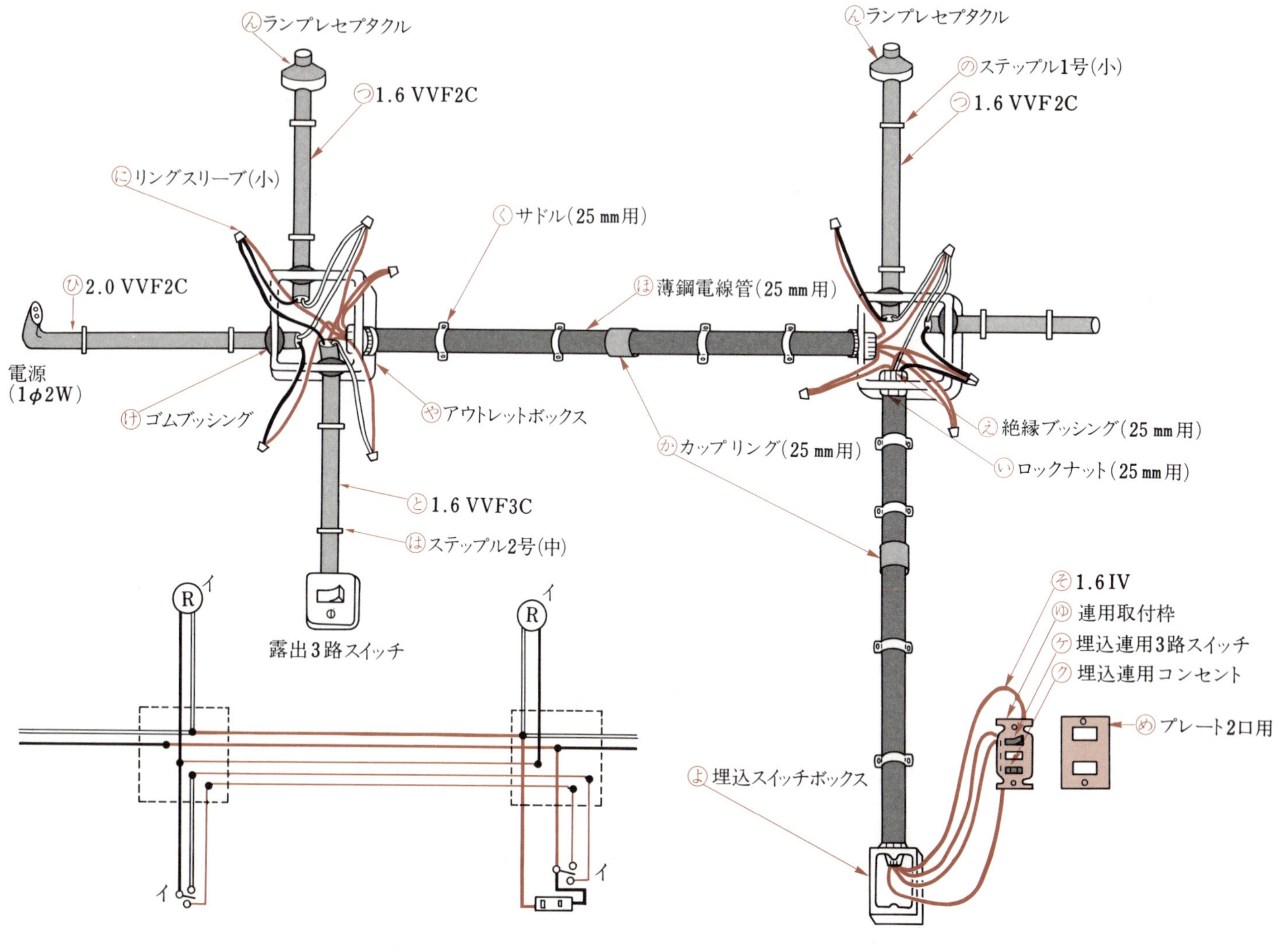

- (イ) ランプレセプタクル
- (ロ) リングスリーブ(小)
- (ハ) 2.0 VVF2C
- (ニ) 1.6 VVF2C
- (ホ) ステップル1号(小)
- (ヘ) ランプレセプタクル
- (ト) ゴムブッシング
- (チ) アウトレットボックス
- (リ) 薄鋼電線管(25 mm用)
- (ヌ) サドル(25 mm用)
- (ル) カップリング(25 mm用)
- (ヲ) 絶縁ブッシング(25 mm用)
- (ワ) ロックナット(25 mm用)
- (カ) 1.6 VVF3C
- (ヨ) ステップル2号(中)
- (タ) 1.6IV
- (レ) 連用取付枠
- (ソ) 埋込連用3路スイッチ
- (ツ) 埋込連用コンセント
- (ネ) プレート2口用
- (ナ) 埋込スイッチボックス
- 電源 (1φ2W)
- 露出3路スイッチ

図 3・23

練習問題 No1 解答のポイントおよび解答

[工事方法別材料の選別]

1. ケーブル工事
問題の注意事項より、ケーブル工事は、電源よりアウトレット、アウトレットよりランプレセプタクル2箇所、アウトレットより三路スイッチに至る露出配線とアウトレットより他負荷へ至る隠ぺい配線である。

2. 金属管工事
金属管工事は問題より、アウトレット相互と、アウトレットより三路スイッチ、コンセントに至る隠ぺい配線である。このとき、金属管の大きさは、完成姿成図の複線結線より線条数が4本と5本になるので、問題注意事項より25mmと判断する。

[配線器具・工具の選別]

配線器具は、隠ぺい部分は埋込器具を選ぶ。

工具については、ケーブル工事と金属管工事および圧着接続に使われる工具を選ぶ。

(tables of answer circles omitted)

材料工具選別試験 練習問題 No2

巻末の〔写真A〕材料等選別写真を用意して、練習問題No1と同じ要領で解答する。
満点が採れるまで何回でも練習をする。第4章には過去3か年の既往問題がある。

答案用紙記入上の注意事項

(1) 筆記用具は、濃度HBの鉛筆を使用してください。
(2) 記入を訂正する場合には「プラスチック消しゴム」で完全に消してください。また、消しずは残さないようにしてください。
(3) マークに当たっては、右の例にならって記入してください。
(4) 答案用紙には試験地、受験番号、氏名、生年月日を記入することになっていますが、特に受験番号は正しくマークしていることを受験票と照合して確認してください。
(5) 問題の解答については、次の例にならって答案用紙の解答欄に記入してください。

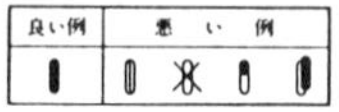

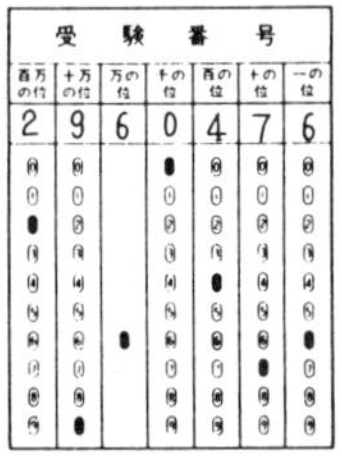

(解答記入例)
符号「あ」の材料が3個と「う」の材料が必要で、「い」「え」の材料不必要な場合

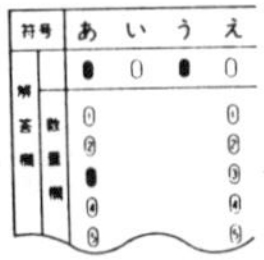

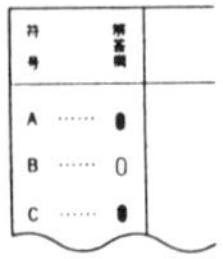

のように正解と思う選択記号の枠内を濃く完全に塗りつぶしてください。

(6) 枠で囲まれた記入欄以外の余白及び裏面には、何も記入しないでください。
(7) 答案用紙は、折り曲げたり汚したりしないでください。

次の図に示す低圧配線工事を施工するために必要な材料及び工具を、写真に示す符号「あ」「い」「う」……の材料、「A」「B」「C」……の工具及び「1」「2」「3」……の数値のうちから、最も適当とするものを選び、「答案用紙記入上の注意事項」にしたがって、20分以内に答案用紙に記入しなさい。ただし、数量欄の空白部分は記入しないこと。
〔試験時間 20分〕

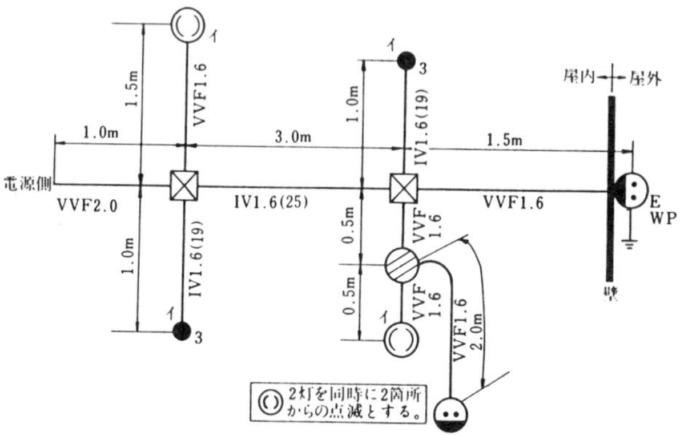

(注意事項)
1. 配線工事は、隠ぺい配線とする。
2. 接地極リード線(最小太さ)と接地線の接続はS形スリーブで行い、接地線の防護は考えないものとする。
3. アウトレットボックス及びジョイントボックス内の接続は正着接続とする。
4. 壁貫通部分の電線保護は施工済みとする。
5. 金属管の接地工事は本問の選別の対象外とする。
6. 写真に示す材料及び工具以外のものについては、省略してある。

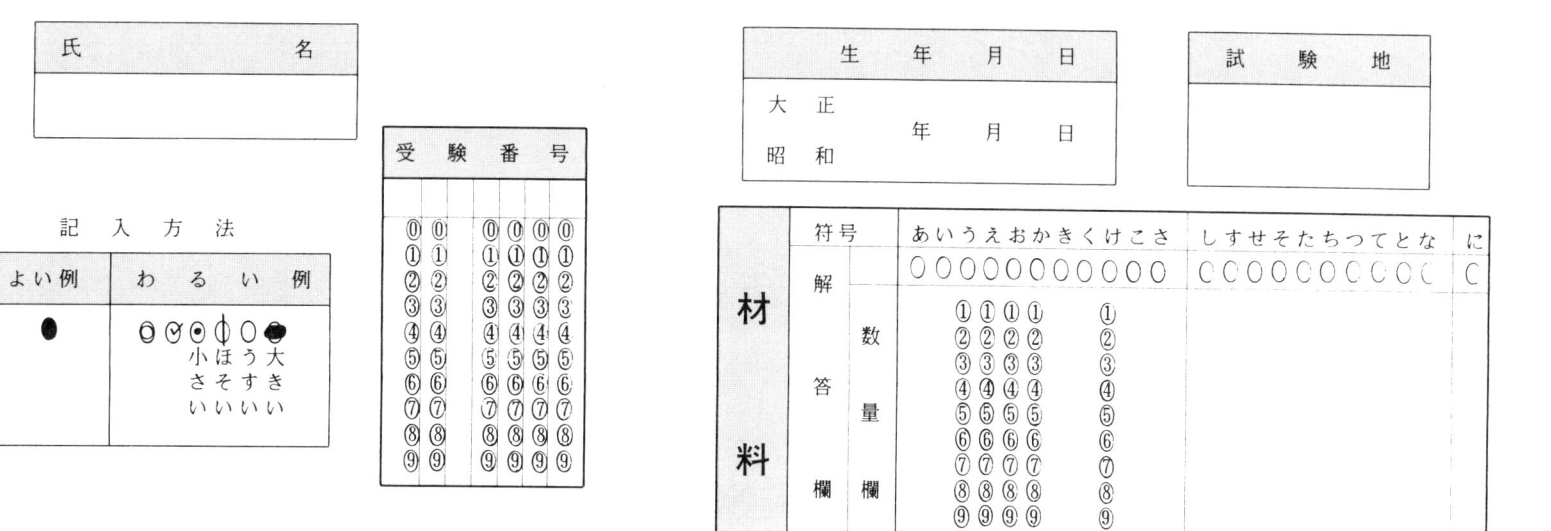

材料工具選別試験 練習問題答案用紙 No2

練習問題 No2 完成姿成図・複線結線図

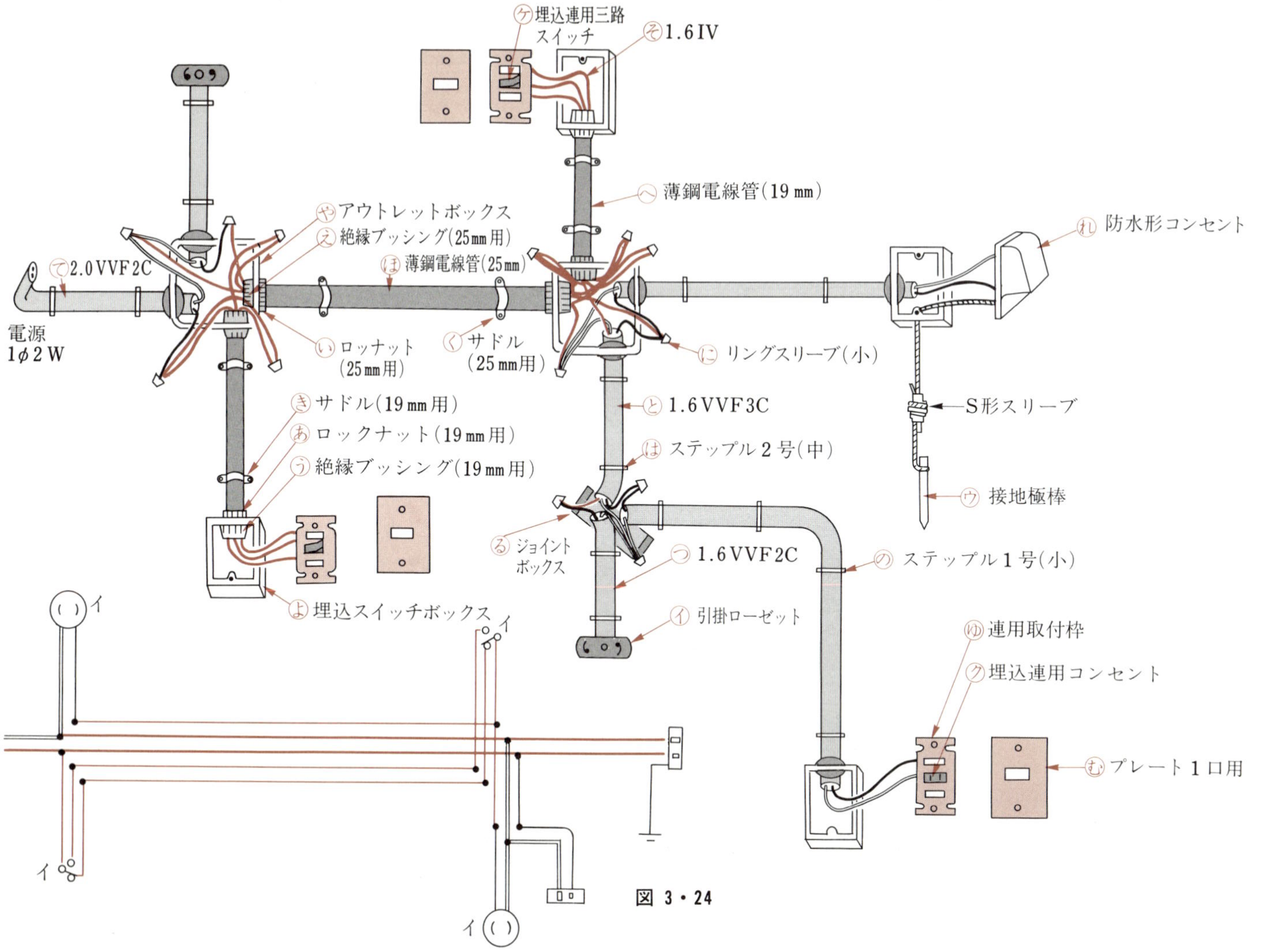

図 3・24

練習問題 No2 解答のポイントおよび解答

[工事方法別材料の選別]

1. ケーブル工事
図面より、ケーブル工事は、電源よりアウトレットボックス、アウトレットボックスより引掛シーリング、アウトレットより防水コンセント、アウトレットより引掛ローゼット、アウトレットおよび引掛ローゼットに至る隠ぺい配線である。

2. 金属管工事
図面より金属管工事は、アウトレットボックス相互は大きさ25 mmの電線管を使用し、アウトレットボックスより三路スイッチ2箇所に至る部分は大きさ19 mmの電線管を使用した隠ぺい配線である。

[配線器具・工具の選別]

配線器具は、隠ぺい配線であり、埋込器具を選び防水コンセントの接地工事には、接地版を選ぶ。
工具は、圧着接続をするための圧着ペンチも選ぶ。

材料 解答欄

符号	解答欄
あ	● ○ ○ ○ ○ ○ ○ ○ ○
い	○ ① ○ ○ ○ ○ ○ ○ ○
う	○ ○ ○ ○ ○ ○ ○ ○ ○
え	○ ○ ○ ○ ○ ○ ○ ○ ○
お	● ○ ○ ○ ○ ○ ○ ○ ○
か	○ ② ○ ○ ○ ○ ○ ○ ○
き	● ○ ○ ○ ○ ○ ○ ○ ○
く	○ ② ○ ○ ○ ○ ○ ○ ○
け	● ○ ○ ○ ○ ○ ○ ○ ○
こ	○ ○ ○ ○ ○ ○ ○ ○ ○

(※ 材料・工具欄の詳細な記号配置は省略)

2. 工具 解答欄

符号	解答欄	符号	解答欄	符号	解答欄
A	●	I	●	Q	●
B	●	J	●	R	●
C	○	K	●	S	●
D	●	L	●	T	●
E	○	M	●		
F	●	N	○		
G	○	O	○		
H	○	P	○		

4 技能試験の徹底研究

4-1 過去3年間の問題と模範解答

材料等選別試験問題（午前） 平成14年度　[試験時間25分]

次の図に示す木造モルタル建築の低圧屋内配線工事を施工するために必要な「材料」、［工具］及び［材料の必要最少数量］を、下記の「選別上の条件」に従って、写真に示す符号「あ」、「い」、「う」…の材料、[A]、[B]、[C]……の工具及び答案用紙の材料の数値のうちから、最も適切なものを選び、[表面]解答記入例①・②にならって答案用紙に記入しなさい。

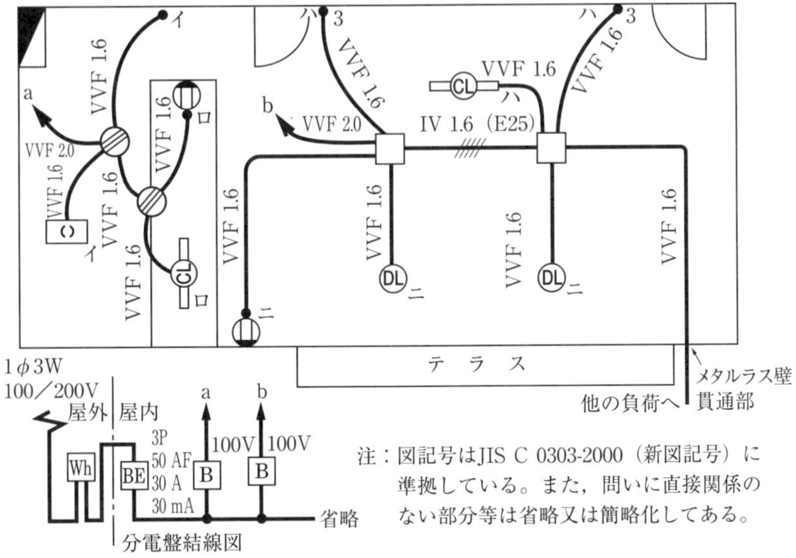

〈選別上の条件〉

1. 配線は隠ぺい配線とする。
2. 3路スイッチの端子［0］は、3路スイッチ相互間の接続に使用しないこと。3路スイッチの端子［1］及び［3］は、3路スイッチ相互間で接続する。（3路スイッチの端子［1］及び［3］は、3路スイッチ相互間で接続する。） 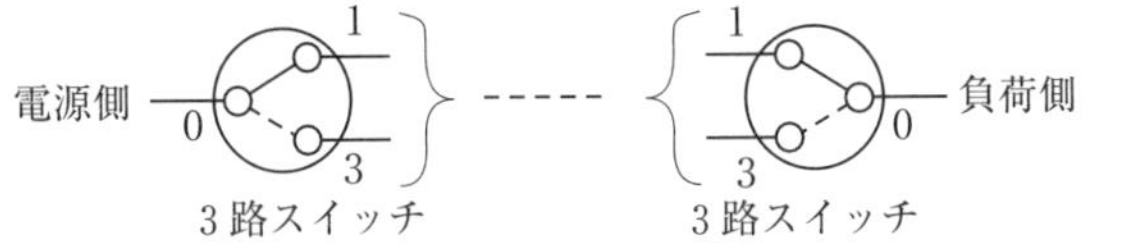
3. 金属管は、ねじなし電線管を使用し、曲げ加工を行うものとする。
4. 防護管の固定には0.9 [mm] ビニル被覆線を、わたり線にはIV1.6 [mm] を使用すること。
5. アウトレットボックス及びVVF用ジョイントボックス間を経由する電線は、ボックス内ですべて接続箇所分を設けること。また、電線の接続は、
 ・アウトレットボックス内は差込形コネクタ接続
 ・VVF用ジョイントボックス内はリングスリーブによる圧着接続
 とすること。
6. 差込形コネクタは、電線2本接続の場合は2本用、3本接続の場合は3本用、4本接続の場合は4本用を使用すること。
7. 金属管の接地工事は、本問の選別対象外とする。
8. 材料及び工具は、写真に示していないもの、本問に示すもので必要なものがあるが、これらについては本問の選別対象外とする。

（解答用紙）

単位作業試験問題（午前）　平成14年度　[試験時間35分]

図に示す低圧屋内配線工事を与えられた材料を使用し、下記の「施工条件」に従って完成させなさい。なお、スイッチボックス等は省略してある。

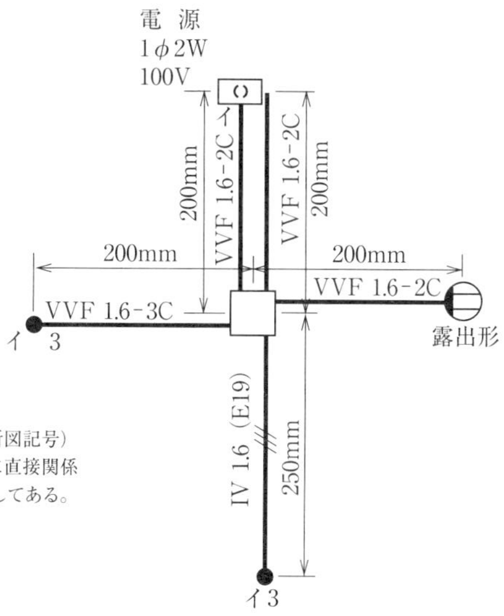

注：図記号は JIS C 0303-2000（新図記号）に準拠している。また、問いに直接関係のない部分や省略又は簡略化してある。

〈 施工条件 〉

1. 器具及び材料の配置は図に従って行うこと。
2. 電線の色別（ケーブルの場合は絶縁被覆の色）は、次によること。
   ・接地側電線は白色を使用すること。
   ・点滅器は非接地側点滅とし、電源から点滅器までの電線は黒色を使用すること。
   ・次の器具の端子には、白色の電線を接続すること。
     引掛シーリングの接地側極端子（N、W又は接地側と表示）
     コンセントの接地側極端子（N、W又は接地側と表示）
3. アウトレットボックス内の電線接続は、打抜き済みの穴だけを全て使用し、図のように配線すること。
4. アウトレットボックス内の接続のうち1箇所はリングスリーブによる圧着接続とし、ウォータポンププライヤ等
   ・3本接続箇所はリングスリーブ（3本用）
   ・その他の接続は差込形コネクタ接続とすること。
5. ねじなしボックスコネクタの止めねじは、ねじ切れるまで堅固に締め付けること。
6. ねじなしボックスコネクタは、金属管の端口（スイッチボックス側）にも取り付けること。
7. 3路スイッチの端子［0］は、3路スイッチ相互間の接続に使用しないこと。（端子［1］及び［3］は3路スイッチ相互間の接続に使用する。） 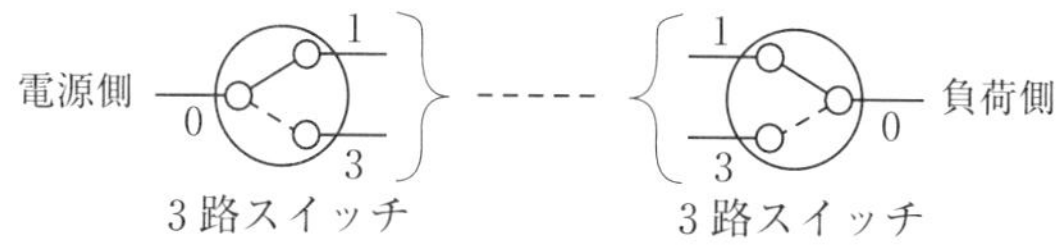
8. 引掛シーリング及び露出形コンセントのケーブル引込口は台座を欠かずに、ケーブルを下部から挿入すること。

材　　料	
1. 600Vビニル絶縁電線（黒） 1.6mm 長さ約450mm	1本
2. 600Vビニル絶縁電線（白） 1.6mm 長さ約450mm	1本
3. 600Vビニル絶縁電線（赤） 1.6mm 長さ約450mm	1本
4. 600Vビニル絶縁ビニル外装ケーブル平形 2心 1.6mm 長さ約1,000mm	1本
5. 600Vビニル絶縁ビニル外装ケーブル平形 3心 1.6mm 長さ約400mm	1本
6. 引掛シーリング（ボディ（角）のみ）	1個
7. 露出形コンセント（カバーなし）	1個
8. 埋込連用3路タンブラスイッチ	2個
9. 埋込連用取付枠	2枚
10. アウトレットボックス （19mm 4箇所 25mm 1箇所ノックアウト打抜き済み）	1個
11. ねじなし電線管（E19）　長さ120mm	1本
12. ねじなしボックスコネクタ（E19用） （絶縁ブッシング ロックナット付接地端子ねじは省略）	2個
13. ゴムブッシング（19）	3個
14. ゴムブッシング（25）	1個
15. 差込形コネクタ（3本用）	1個
16. リングスリーブ（小）	4個

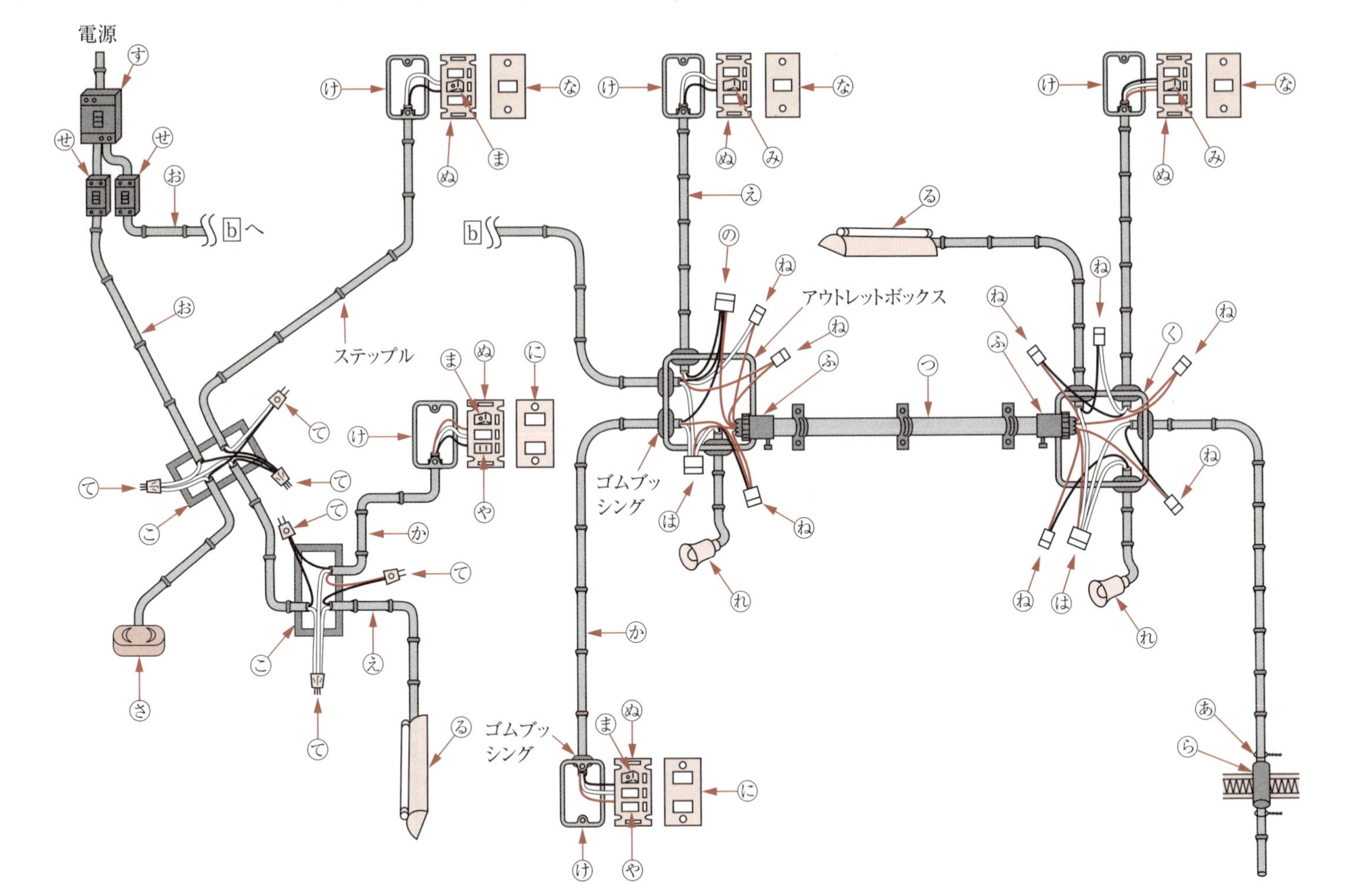

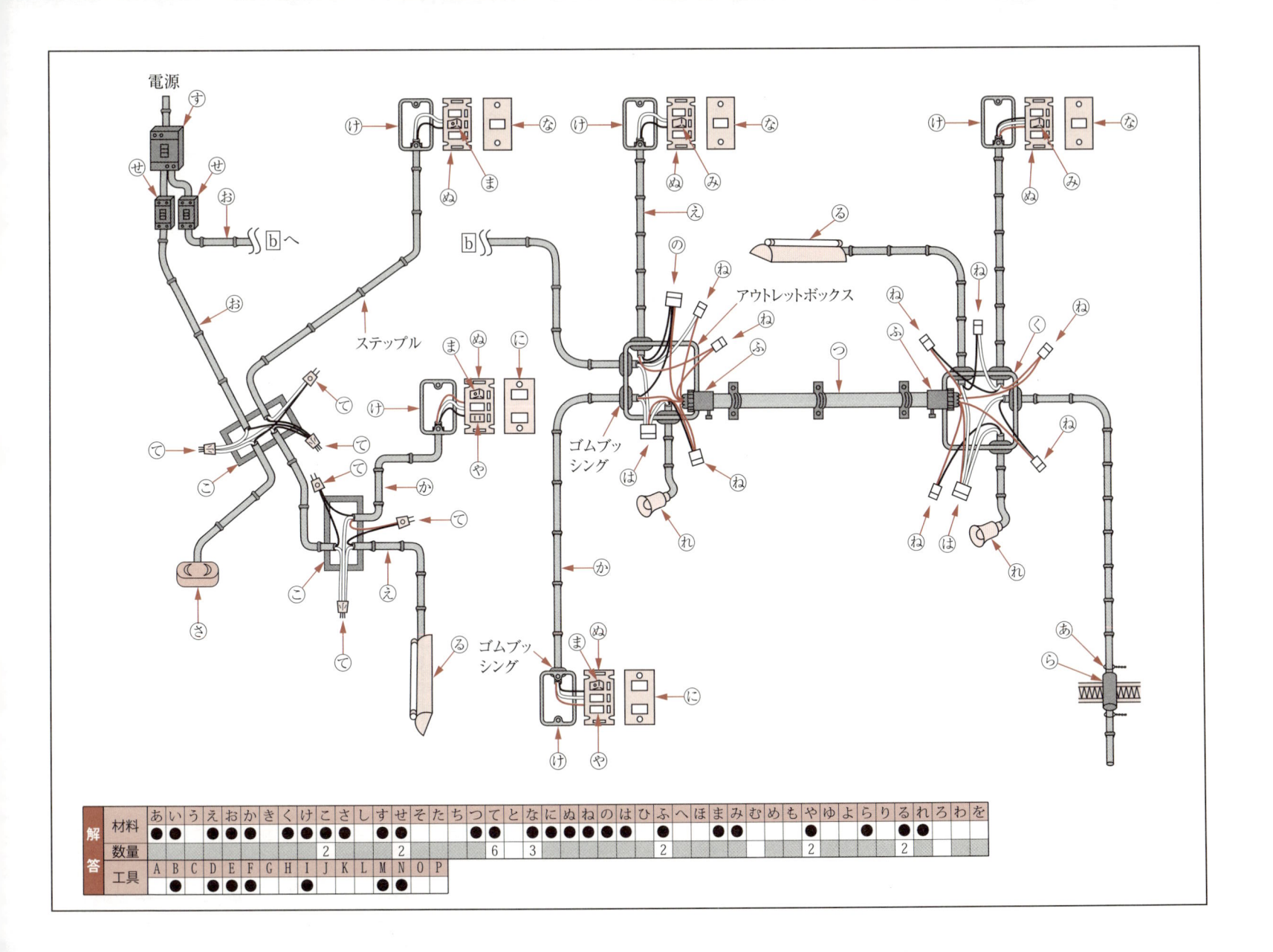

100　第4章　技能試験の徹底研究

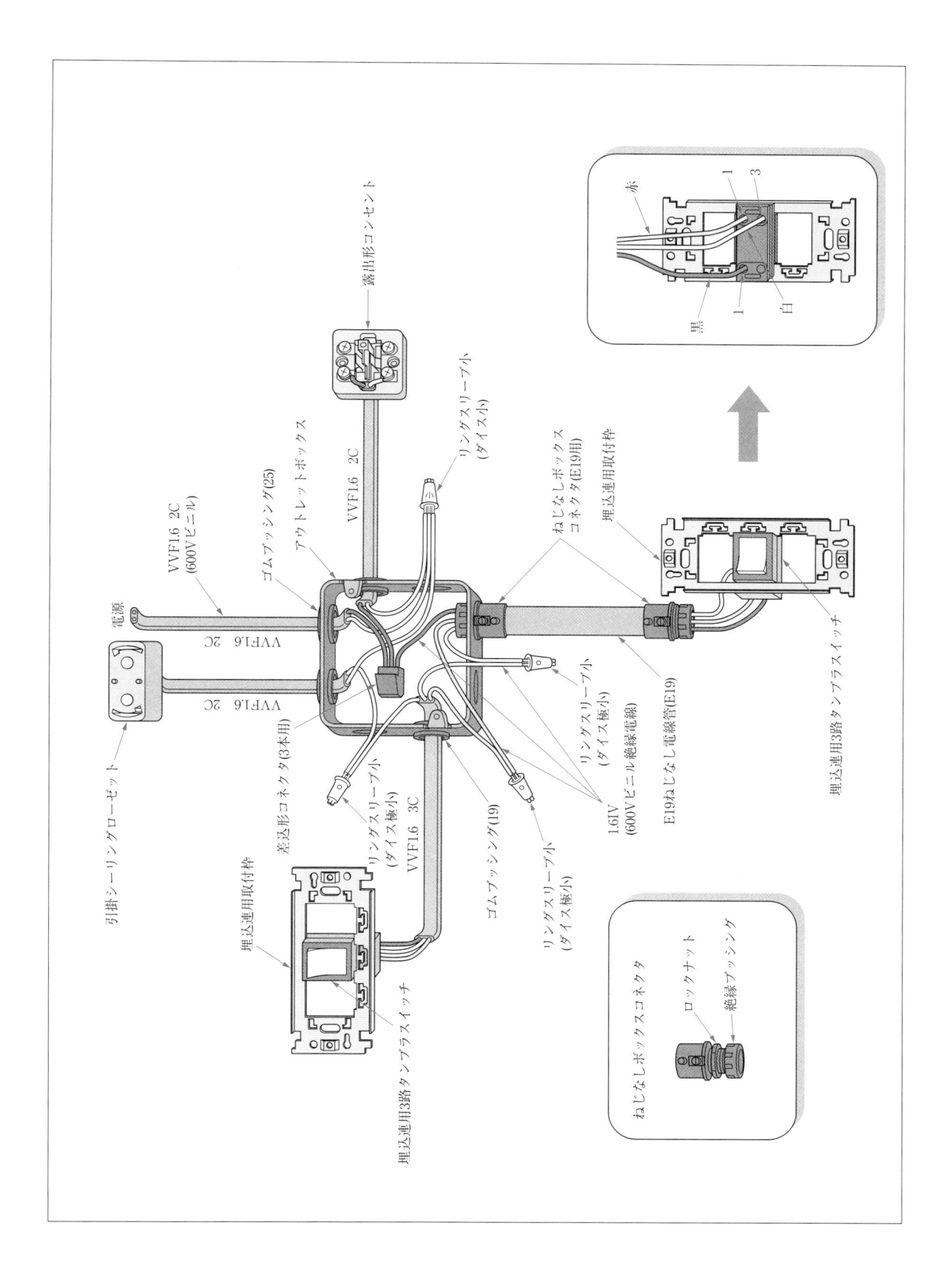

4·1 過去3年間の問題と模範解答

材料等選別試験問題（午後） 平成14年度

【試験時間25分】

次の図に示す木造モルタル建築の低圧屋内配線工事を施工するために必要な「材料」、「工具」及び「材料の必要最少数量」を、下記の「選別上の条件」に従って、写真に示す符号「あ」、「い」、「う」……の材料、[A]、[B]、[C]……の工具及び①②③……の数値のうちから、最も適切なものを選び、[表面] 解答用紙の解答欄①・②にならって答案用紙に記入しなさい。

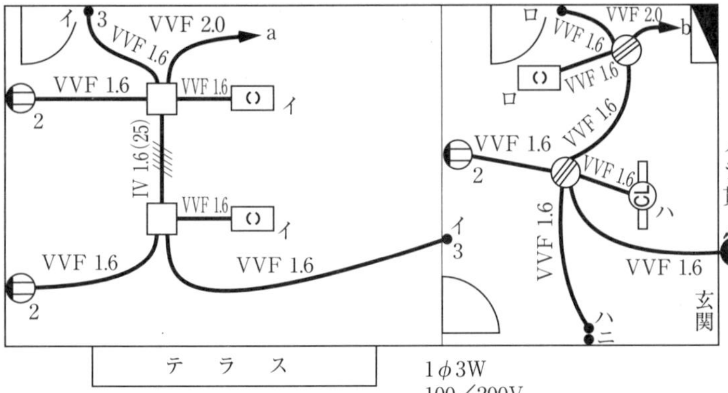

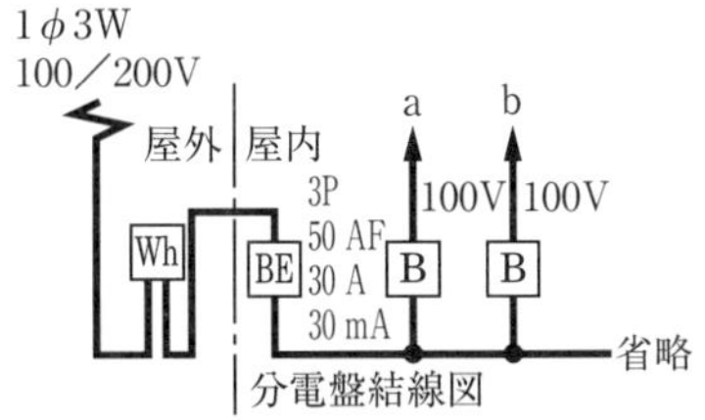

〈選別上の条件〉

1. 配線は隠ぺい配線とする。
2. 3路スイッチの端子 [0] は、3路スイッチ相互間の接続に使用しないこと。（3路スイッチの端子 [1] 及び [3] は、3路スイッチ相互間で接続する。） 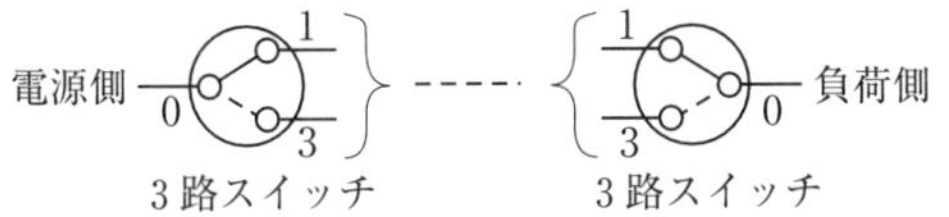
3. 金属管は、薄鋼電線管（ねじなし電線管を除く。）を使用し、曲げ加工を行うものとする。
4. 防護管の固定には 0.9 [mm] ビニル被覆線を、わたり線にはIV1.6 [mm] を使用すること。
5. アウトレットボックス及び VVF 用ジョイントボックス接続箇所を経由することとし、ボックス内ですべて接続箇所を設けること。また、電線の接続は、
   ・アウトレットボックス内は差込形コネクタ接続
   ・VVF用ジョイントボックス内はリングスリーブによる圧着接続とすること。
6. 差込形コネクタは、電線2本接続の場合は2本用、3本接続の場合は3本用、4本接続の場合は4本用を使用すること。
7. 金属管の接地工事は、本問の選別対象外とする。
8. 材料及び工具で、写真に示していないものあるが、これらについては本問の選別対象外とする。

注：図記号はJIS C 0303-2000（新図記号）に準拠しているが、問いに直接関係のない部分等は省略又は簡略化してある。

（解答用紙）

単位作業試験問題（午後）　平成14年度　【試験時間 35分】

図に示す低圧屋内配線工事を与えられた材料を使用し、下記の「施工条件」に従って完成させなさい。なお、スイッチボックスは省略してある。

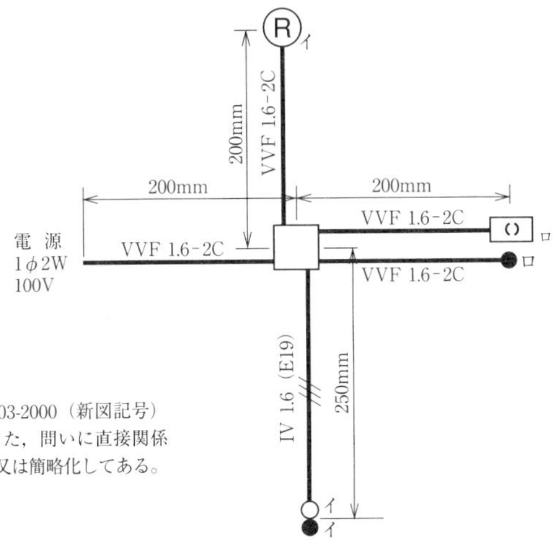

注：図記号はJIS C 0303-2000（新図記号）に準拠している。問いに直接関係のない部分等は省略又は簡略化してある。

〈施工条件〉

1. 器具及び材料の配置は図に従って行うこと。
2. パイロットランプはランプレセプタクルと同時点滅とすること。
3. 電線の色別（ケーブルの場合は絶縁被覆の色）は、次によること。
   ・接地側電線は白色を使用すること。
   ・点滅器から点滅器までの電線は黒色を使用すること。
   ・次の器具の端子には、白色の電線を接続すること。
     ランプレセプタクルの受金ねじ部の端子
     引掛シーリングの接地側極端子（N、W又は接地側と表示）
4. アウトレットボックスは、打抜き済みのノックアウトの穴だけを全て使用し、図のように配線すること。
5. アウトレットボックス内の電線接続は終端接続とし、次によること。
   ・4本接続箇所は差込形コネクタ接続とすること。
   ・その他の接続はリングスリーブによる圧着接続とすること。
6. ねじなしボックスコネクタの止めねじは、ウォータポンププライヤ等で頭部がねじ切れるまで堅固に締め付けること。
7. ねじなしボックスコネクタは、金属管の端口（スイッチボックス側）にも取り付けること。
8. ランプレセプタクル及び引掛シーリングのケーブル引込口は合座を欠かずに完成させなさい。ケーブルを下部から挿入すること。

電源　1φ2W　100V

VVF 1.6-2C　200mm
VVF 1.6-2C　200mm
VVF 1.6-2C　250mm
VVF 1.6-2C　200mm
IV 1.6 (E19)

	材　　料	
1.	600Vビニル絶縁電線（黒） 1.6mm 長さ約550mm	1本
2.	600Vビニル絶縁電線（白） 1.6mm 長さ約450mm	1本
3.	600Vビニル絶縁電線（赤） 1.6mm 長さ約450mm	1本
4.	600Vビニル絶縁ビニル外装ケーブル平形 2心 1.6mm 長さ約1,450mm	1本
5.	ランプレセプタクル（ボディ（角）のみ）	1個
6.	引掛シーリング（カバーなし）	1個
7.	埋込連用タンブラスイッチ	2個
8.	埋込連用パイロットランプ	1個
9.	埋込連用取付枠	2枚
10.	アウトレットボックス （19mm 4箇所 25mm 1箇所 ノックアウト打抜き済み）	1個
11.	ねじなし電線管（E19） 長さ120mm	1本
12.	ねじなしボックスコネクタ（19用） （絶縁ブッシング ロックナット付接地端子ねじは省略）	2個
13.	ゴムブッシング（19）	3個
14.	ゴムブッシング（25）	1個
15.	差込形コネクタ（4本用）	1個
16.	リングスリーブ（小）	3個

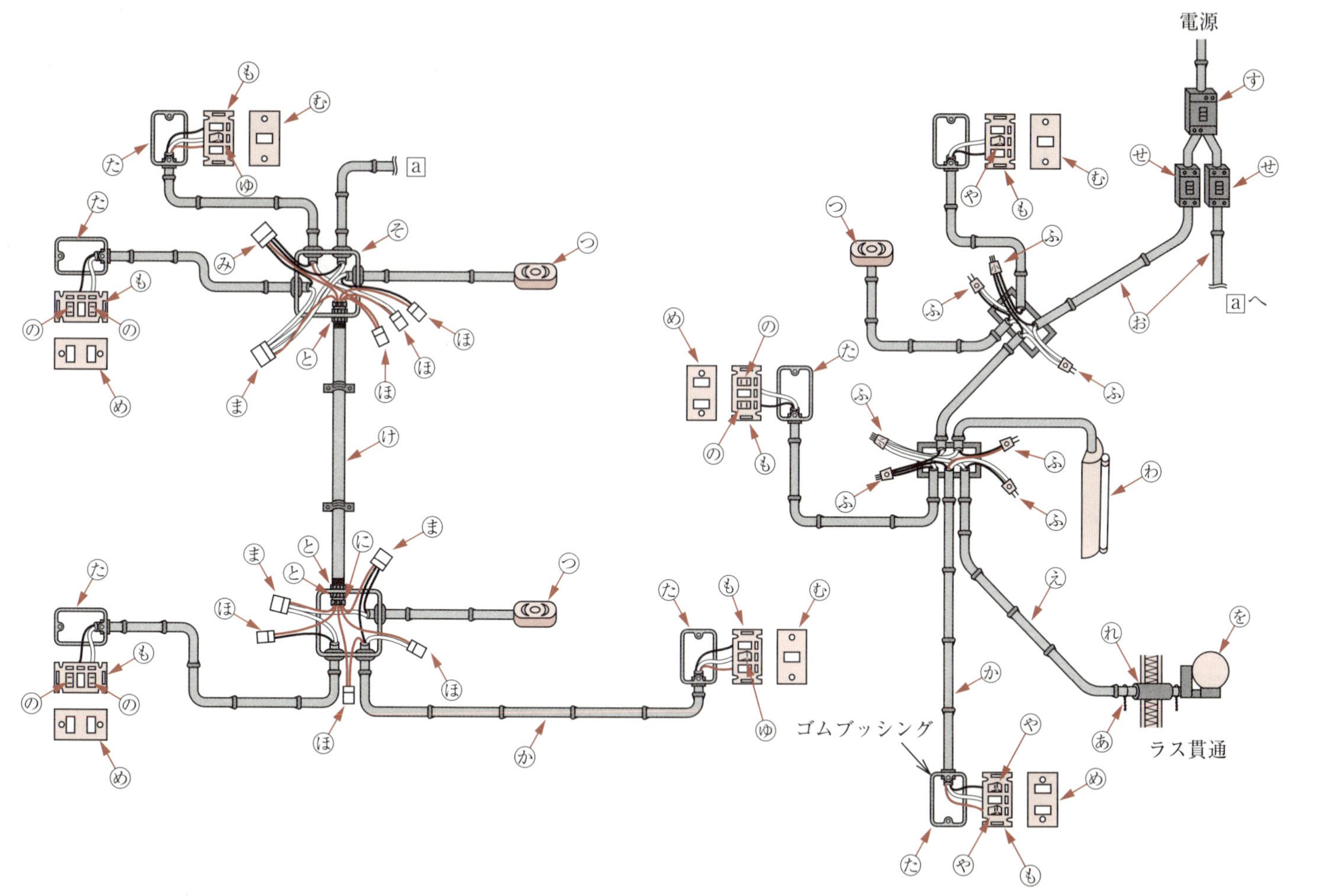

解答		あ	い	う	え	お	か	き	く	け	こ	さ	し	す	せ	そ	た	ち	つ	て	と	な	に
	材料	●	●		●	●	●			●				●	●	●	●	●	●		●		●
	数量														2	2			3				

解答		ぬ	ね	の	は	ひ	ふ	へ	ほ	ま	み	む	め	も	や	ゆ	よ	ら	り	る	れ	ろ	わ	を
	材料			●			●		●	●	●	●	●	●	●	●					●		●	●
	数量			6			7					3												

解答		A	B	C	D	E	F	G	H	I	J	K	L	M	N	O
	工具		●	●						●	●	●	●			●

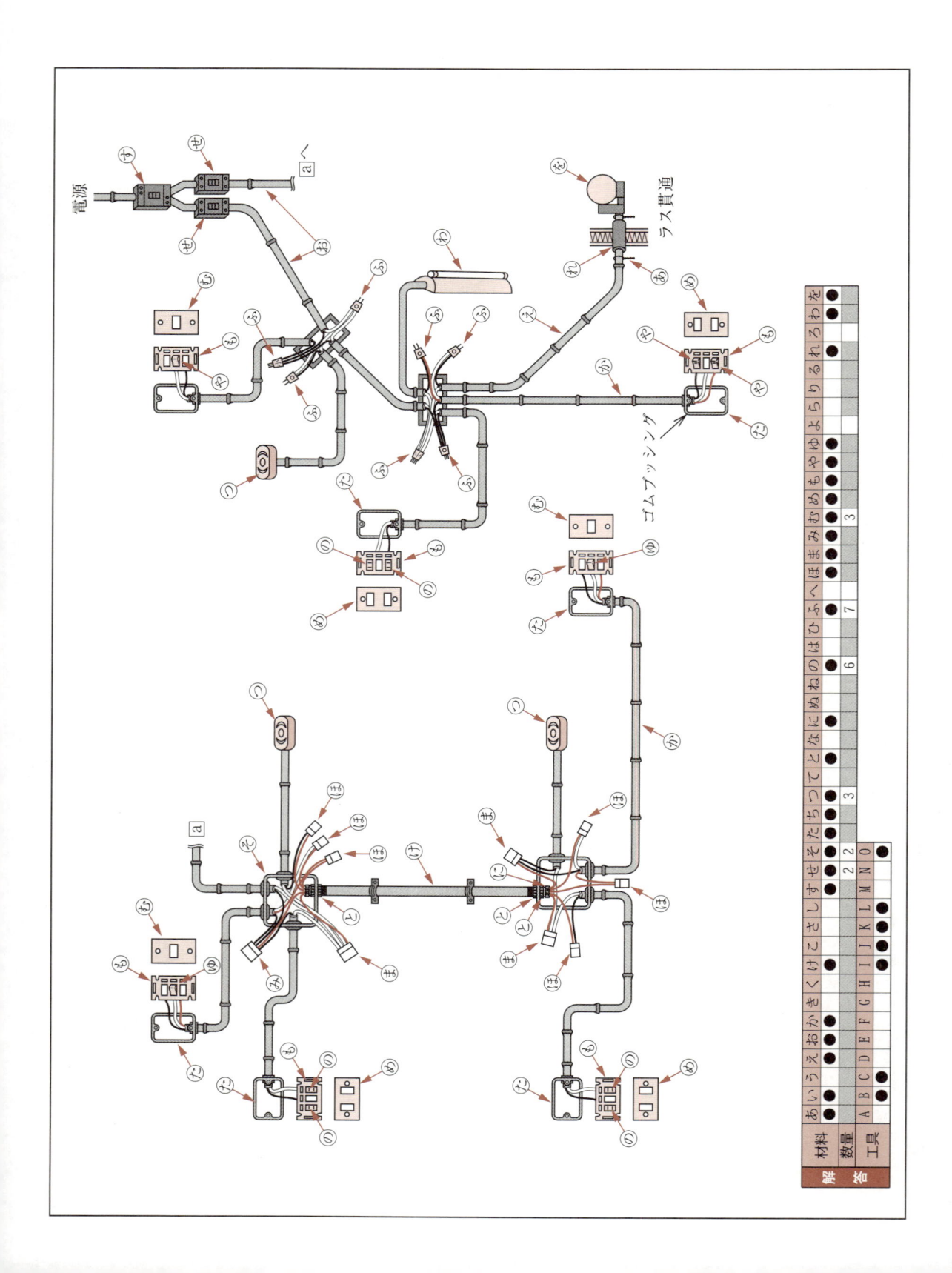

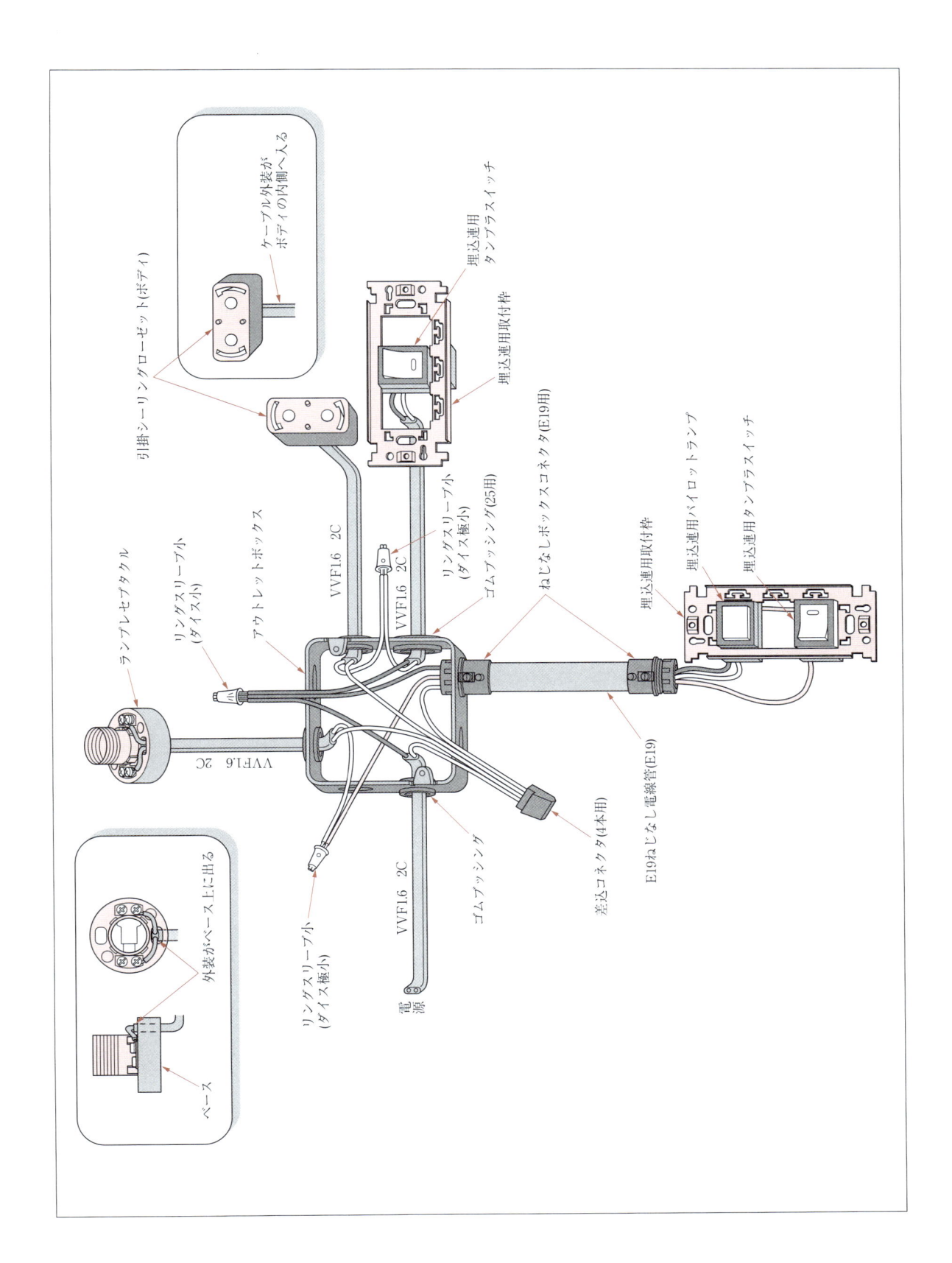

4・1 過去3年間の問題と模範解答　105

材料等選別試験問題（午前）　平成13年度
【試験時間25分】

次の図に示す木造建築の低圧屋内配線工事を施工するために必要な[材料]，[工具]及び[材料の必要最少数量]を，下記の「選別上の条件」に従って，写真に示す符号[あ]，[い]，[う]……の材料，[A]，[B]，[C]……の工具及び答案用紙の材料の数量欄の① ② ③ ……の数値のうちから，最も適当なものを選び，[表面] 解答記入例①・②にならって答案用紙に記入しなさい。

注：図記号はJIS C 0303-2000（新図記号）に準拠している。また、問いに直接関係のない部分等は省略又は簡略化してある。

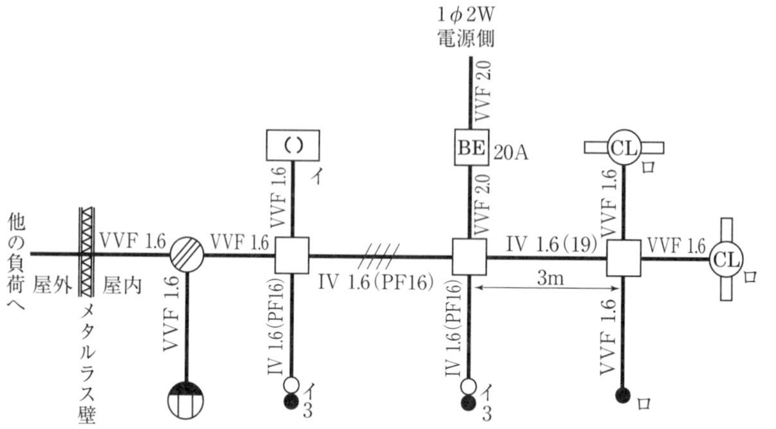

＜選別上の条件＞

1. パイロットランプは常時点灯とする。
2. 配線は隠ぺい配線とする。
3. 3路スイッチの端子[0]は、3路スイッチ相互間の接続に使用し、3路スイッチの端子[1]及び[3]は、3路スイッチ相互間で接続しないこと。
  （3路スイッチの端子[0]は、3路スイッチ相互間で接続すること。）
4. 金属管は薄鋼電線管（ねじなし電線管を除く。）を使用すること。
5. わたり線にはIV1.6 [mm] を使用すること。
6. アウトレットボックス及びVVF用ジョイントボックス部分を経由する電線は、ボックス内ですべて接続箇所を設けること。
   ただし、電線の接続は、
   ・アウトレットボックス内は差込形コネクタ接続
   ・VVF用ジョイントボックス内はリングスリーブによる圧着接続
   とする。
7. 差込形コネクタは、電線2本接続の場合は2本用、3本接続の場合は3本用、4本接続の場合は4本用を使用すること。
8. 接地工事は、本問の選別対象外とする。
9. 材料及び工具は、写真に示していないものもあるが、これらについては本問の選別対象外とする。

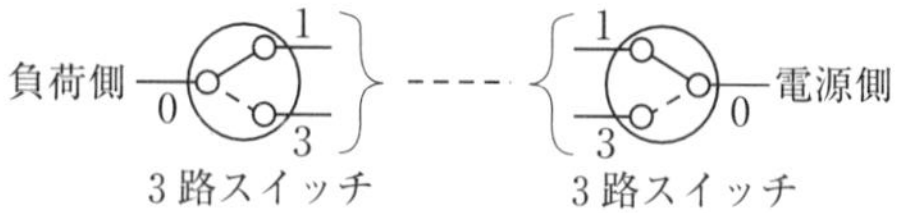

（解答用紙）

[配線図：屋外部より VVF1.6、VVF1.6 を経由し、他の負荷へ、屋内壁メタルラス、VVF1.6、IV 1.6(PF16)、IV 1.6(PF16)、VVF 2.0、BE 20A、VVF 2.0、1φ2W 電源側、IV 1.6(19)、3m、VVF 1.6、CL、□、CL、□、イ3、ロ、イ3、O を含む回路図]

1、材料 解答欄：あ・い・う・え・お・か・き・く・け・こ・さ・し・す・せ・そ・た・ち・つ・て・と・な・に・ぬ・ね・の・は・ひ・ふ・へ・ほ・ま・み・む・め・も・や・ゆ・よ・ら・り・る

数量欄：① ② ③ ④ ⑤ ⑥ ⑦ ⑧ ⑨

2、工具 符号：A B C D E F G H I J K L M N O P

単位作業試験問題（午前）平成13年度　[試験時間35分]

図に示す低圧屋内配線工事を与えられた材料を使用し、下記の「施工条件」に従って完成させなさい。

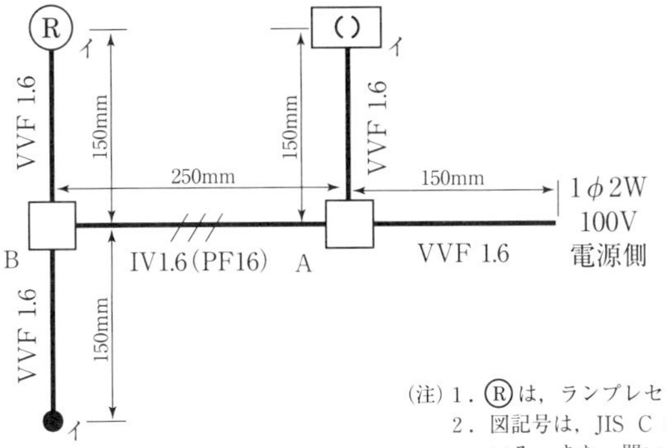

材　料
1. 600Vビニル外装ケーブル平形、2心 1.6mm、長さ約 1,250mm ……1本
2. 600Vビニル絶縁電線（黒）1.6mm、長さ約 500mm …………1本
3. 600Vビニル絶縁電線（白）1.6mm、長さ約 500mm …………1本
4. 600Vビニル絶縁電線（赤）1.6mm、長さ約 500mm …………1本
5. アウトレットボックス（19mm用ノックアウト3箇所打抜き済み）…2個
6. 合成樹脂製可とう電線管（PF16）長さ約 130mm ……………1本
7. 合成樹脂製可とう電線管用コネクタ（PF16）………………2個
8. ランプレセプタクル（カバーなし）……………………………1個
9. 引掛シーリングローゼット（ボディのみ）……………………1個
10. ゴムブッシング（19）……………………………………………4個
11. 埋込連用タンブラスイッチ ……………………………………1個
12. 埋込連用取付枠 …………………………………………………1枚
13. リングスリーブ（小）……………………………………………3個
14. 差込形コネクタ（2本用）………………………………………2個
15. 差込形コネクタ（3本用）………………………………………1個

（注1．Ⓡは、ランプレセプタクルを示す。
　　2．図記号は、JIS C 0303-2000に準拠している。また、問いに直接関係のない部分等は、省略又は簡略化してある。）

〈施工条件〉

1. 電線の色別指定（ケーブルの場合は絶縁被覆の色）
   ・接地側電線は白色とすること。
   ・点滅器は非接地側とし、電源から点滅器までの電線はすべて黒色とすること。
   ・次の器具の端子には、白色の電線を接続すること。
   　ランプレセプタクルの受金ねじ部の端子
   　引掛シーリングローゼットの接地側極端子（N、W又は接地側と表示）

2. アウトレットボックス
   ・打抜き済みの穴だけを使用すること。
   ・ボックス内の電線は終端接続とし、
   Aのボックス内では差込形コネクタによる接続（3本接続は3本用、2本接続は2本用）
   Bのボックス内ではリングスリーブによる圧着接続とすること。

3. ランプレセプタクルは、台座のケーブル引込口を欠かずに下部からケーブルを挿入すること。

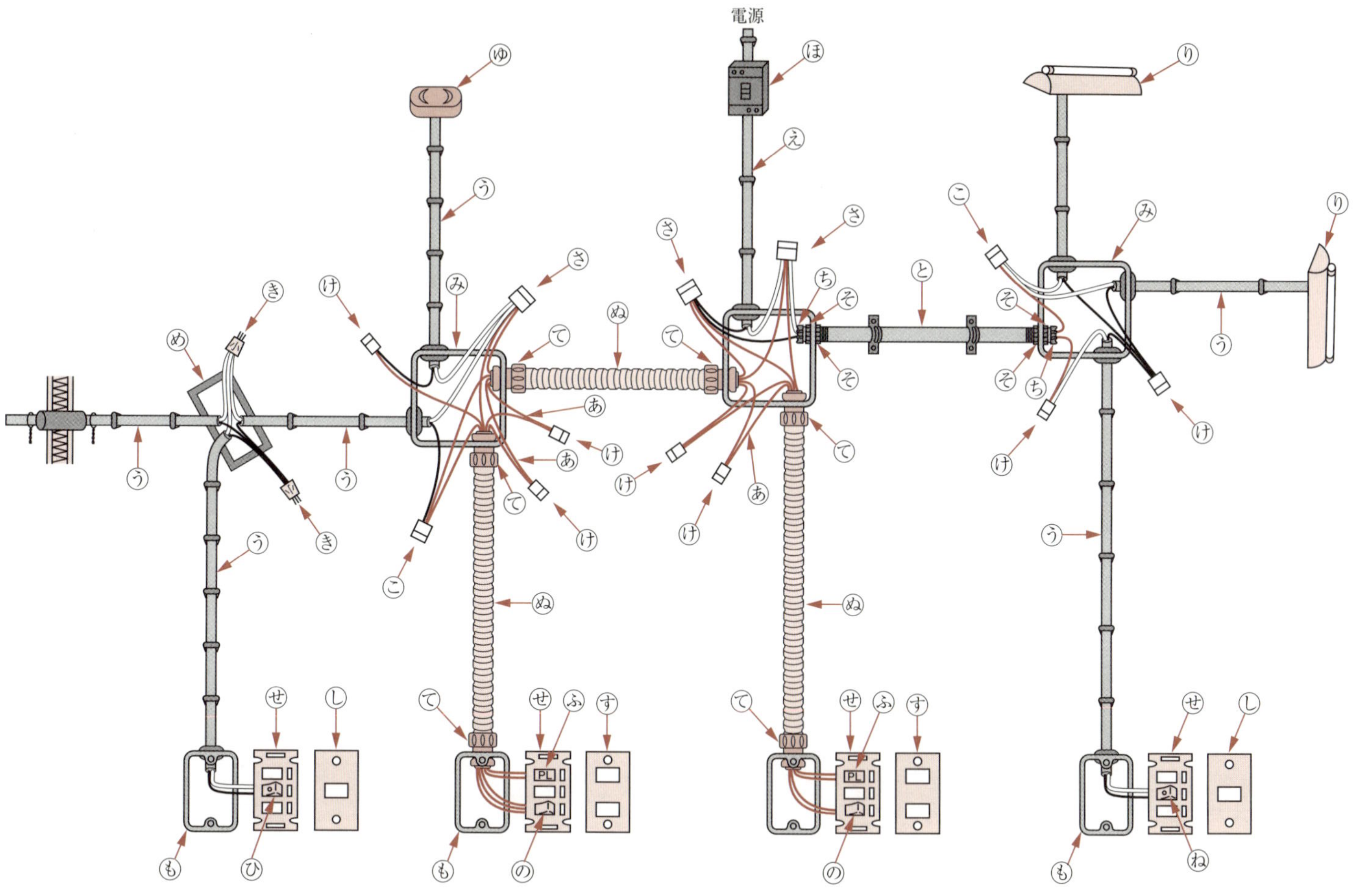

解答

	あ	い	う	え	お	か	き	く	け	こ	さ	し	す	せ	そ	た	ち	つ	て	と	な	に
材料	●		●	●			●		●	●	●	●	●	●	●		●		●	●		
数量							2		6				2									

	ぬ	ね	の	は	ひ	ふ	へ	ほ	ま	み	む	め	も	や	ゆ	よ	ら	り	る
材料	●	●	●		●	●		●		●		●	●		●			●	
数量			2		1								4					2	

	A	B	C	D	E	F	G	H	I	J	K	L	M	N	O	P
工具	●		●		●	●			●		●			●	●	

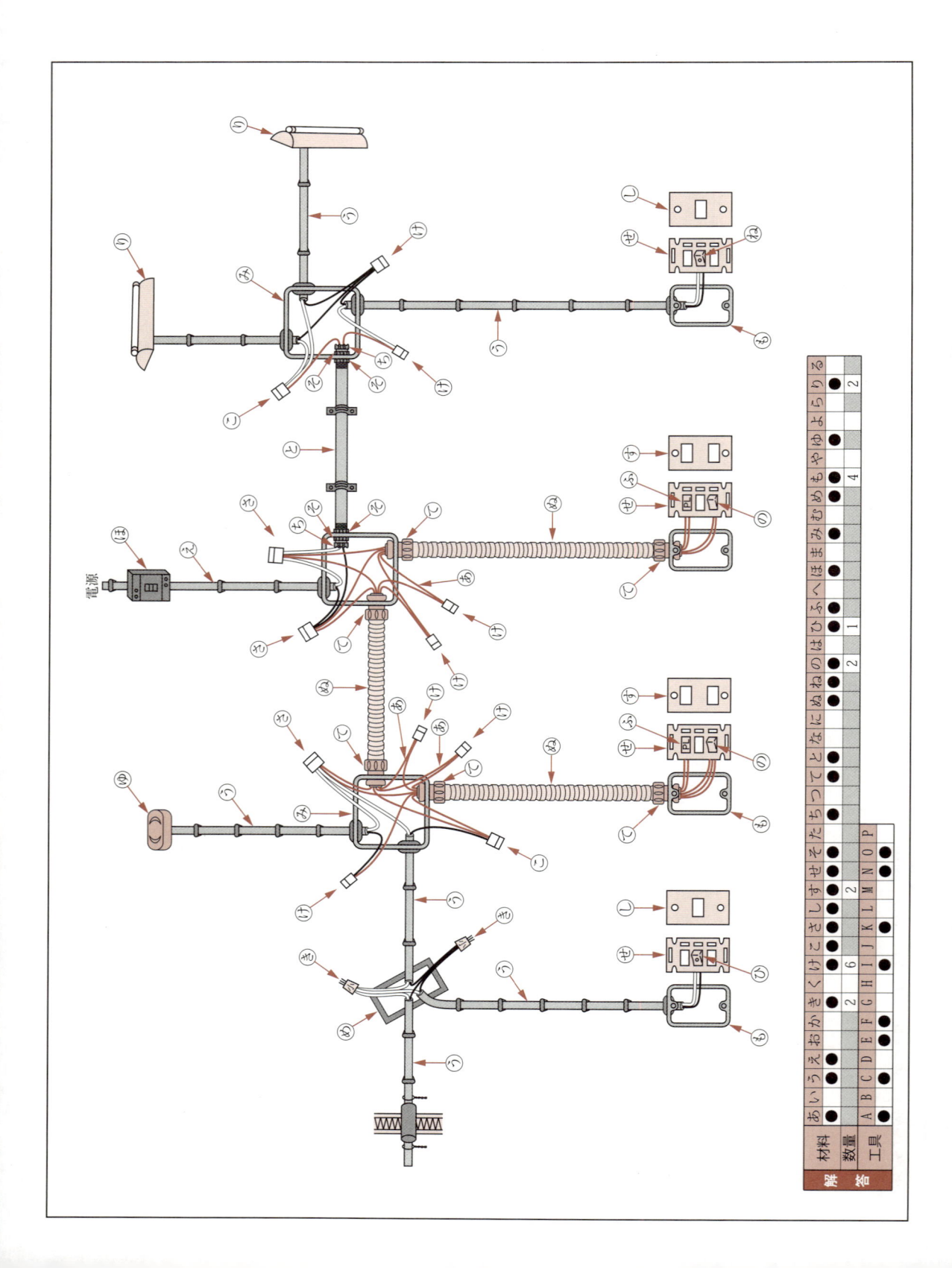

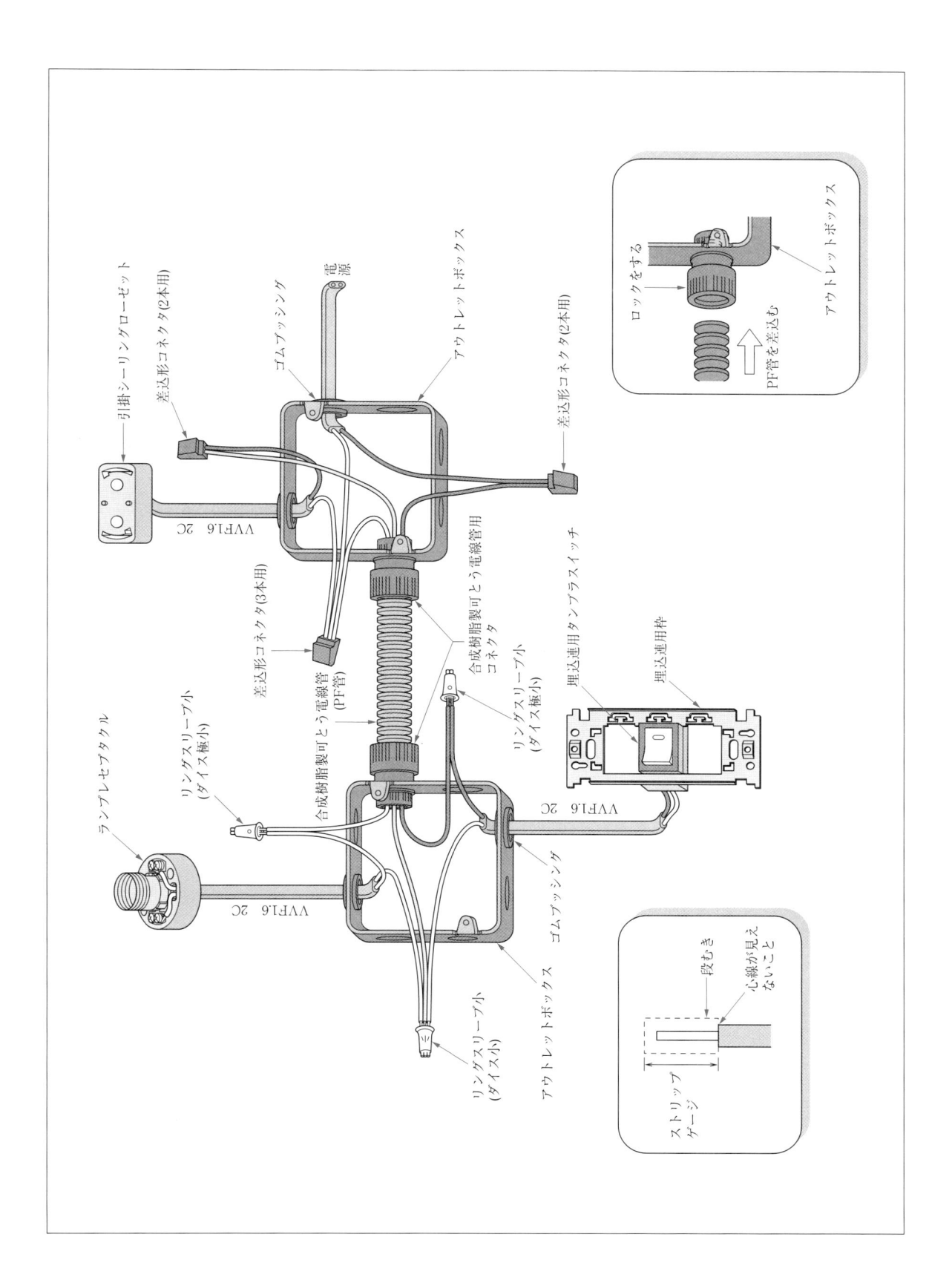

4・1 過去3年間の問題と模範解答　109

引掛シーリングローゼット
差込形コネクタ(2本用)
ゴムブッシング
電源
アウトレットボックス
差込形コネクタ(2本用)

ロックをする
PF管を差込む
アウトレットボックス

差込形コネクタ(3本用)
合成樹脂製可とう電線管用コネクタ
合成樹脂製可とう電線管(PF管)
合成樹脂製可とう電線管用コネクタ
リングスリーブ小(ダイス極小)
埋込連用タンブラスイッチ
埋込連用枠

ランプレセプタクル
リングスリーブ小(ダイス極小)
VVF1.6 2C
VVF1.6 2C
アウトレットボックス
ゴムブッシング
リングスリーブ小(ダイス小)

ストリップゲージ
段むき
心線が見えないこと

材料等選別試験問題（午後） 平成13年度

[試験時間25分]

次の図に示す木造建築の低圧屋内配線工事を施工するために必要な「材料」、「工具」及び「材料の必要最少数量」を、下記の「選別上の条件」に従って、写真に示す符号 [あ], [い], [う] ……の材料、[A], [B], [C] ……の工具及び答案用紙の数量欄の ① ② ③ ……の数値のうちから、最も適当なものを選び、[表面] 解答記入例 ①・② にならって答案用紙に記入しなさい。

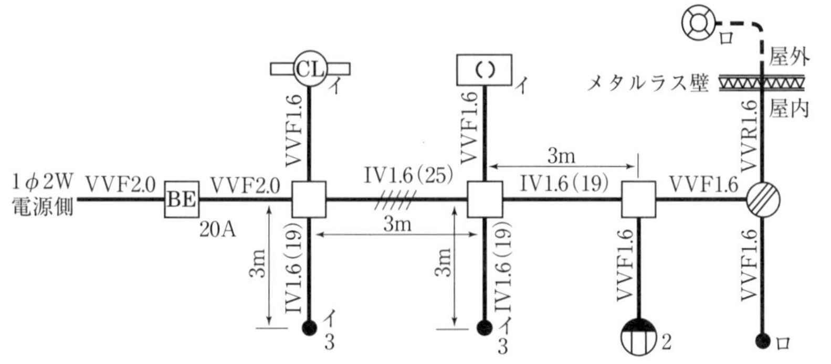

〈選別上の条件〉

1. 配線は隠ぺい配線とする。
2. 3路スイッチの端子 [0] は、3路スイッチ相互間の接続に使用しないこと。（3路スイッチの端子 [1] 及び [3] は、3路スイッチ相互間で接続する。） 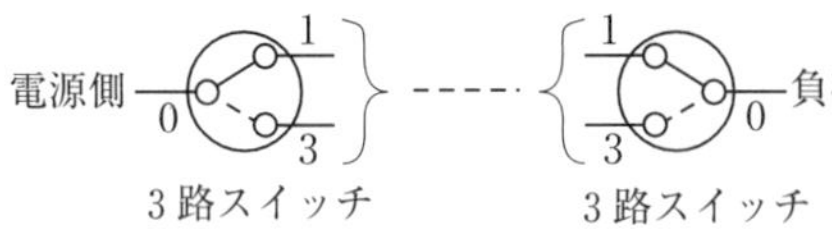
3. 金属管は薄鋼電線管（ねじなし電線管〈。〉）を使用すること。
4. わたり線には IV1.6 [mm] を使用すること。
5. アウトレットボックス及びVVF用ジョイントボックス部分を経由する電線は、ボックス内ですべて接続箇所を設けること。
   ただし、電線の接続は、
   ・アウトレットボックス内は差込形コネクタ接続
   ・VVF用ジョイントボックス内はリングスリーブによる圧着接続
   とする。
6. 差込形コネクタは、電線2本接続の場合は2本用、3本接続の場合は3本用を使用すること。
7. 接地工事は、本問の選別対象外とする。
8. 材料及び工具で、写真に示していないもので必要なものもあるが、これらについては本問の選別対象外とする。

(注) 図記号は、JIS C 0303-2000に準拠している。また、問いに直接関係のない部分や、省略又は簡略化してある。

(解答用紙)

単位作業試験問題（午後） 平成13年度 【試験時間35分】

図に示す低圧屋内配線工事を与えられた材料を使用し、下記の「施工条件」に従って完成させなさい。

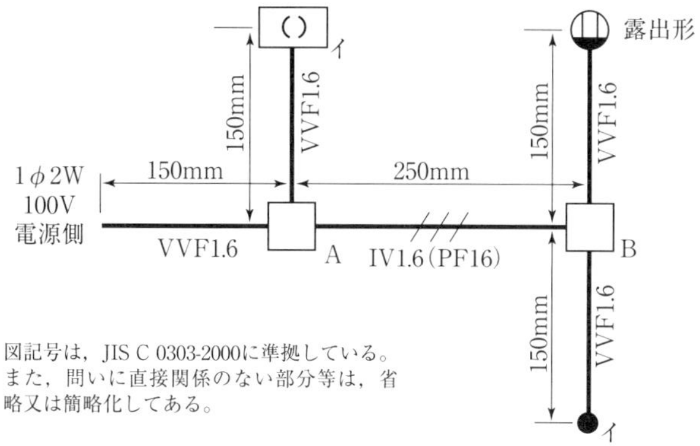

材　　料	
1. 600Vビニル外装ケーブル平形 2心 1.6mm 長さ約1,250mm	1本
2. 600Vビニル絶縁電線（黒）1.6mm 長さ約500mm	1本
3. 600Vビニル絶縁電線（白）1.6mm 長さ約500mm	1本
4. 600Vビニル絶縁電線（赤）1.6mm 長さ約500mm	1本
5. アウトレットボックス（19mm用ノックアウト3箇所打抜き済み）	2個
6. 合成樹脂製可とう電線管（PF16）長さ約130mm	1本
7. 合成樹脂製可とう電線管用コネクタ（PF16）	2個
8. 露出形コンセント（カバーなし）	1個
9. 引掛シーリングローゼット（ボディのみ）	1個
10. ゴムブッシング（19）	4個
11. 埋込連用タンブラスイッチ	1個
12. 埋込連用取付枠	1枚
13. リングスリーブ（小）	3個
14. 差込形コネクタ（2本用）	2個
15. 差込形コネクタ（3本用）	1個

（注）図記号は、JIS C 0303-2000に準拠している。
また、問いに直接関係のない部分等は、省略又は簡略化してある。

〈 施工条件 〉

1. 電線の色別指定（ケーブルの場合は絶縁被覆の色）
   ・接地側電線は白色とすること。
   ・点滅器は非接地側開点とし、電源から点滅器までの電線はすべて黒色とすること。
   ・次の器具の端子には、白色の電線を接続すること。
     露出形コンセントの接地側極端子（N又はWと表示）
     引掛シーリングローゼットの接地側極端子（N、W又は接地側と表示）

2. アウトレットボックス
   ・打抜き済みの穴だけを使用すること。
   ・ボックス内の電線は終端接続とし、
     Aのボックスではリングスリーブによる圧着接続
     Bのボックスでは差込形コネクタによる接続（3本接続は3本用、2本接続は2本用）
     とすること。

3. 露出形コンセントは、台座のケーブル引込口を欠かずに下部からケーブルを挿入すること。

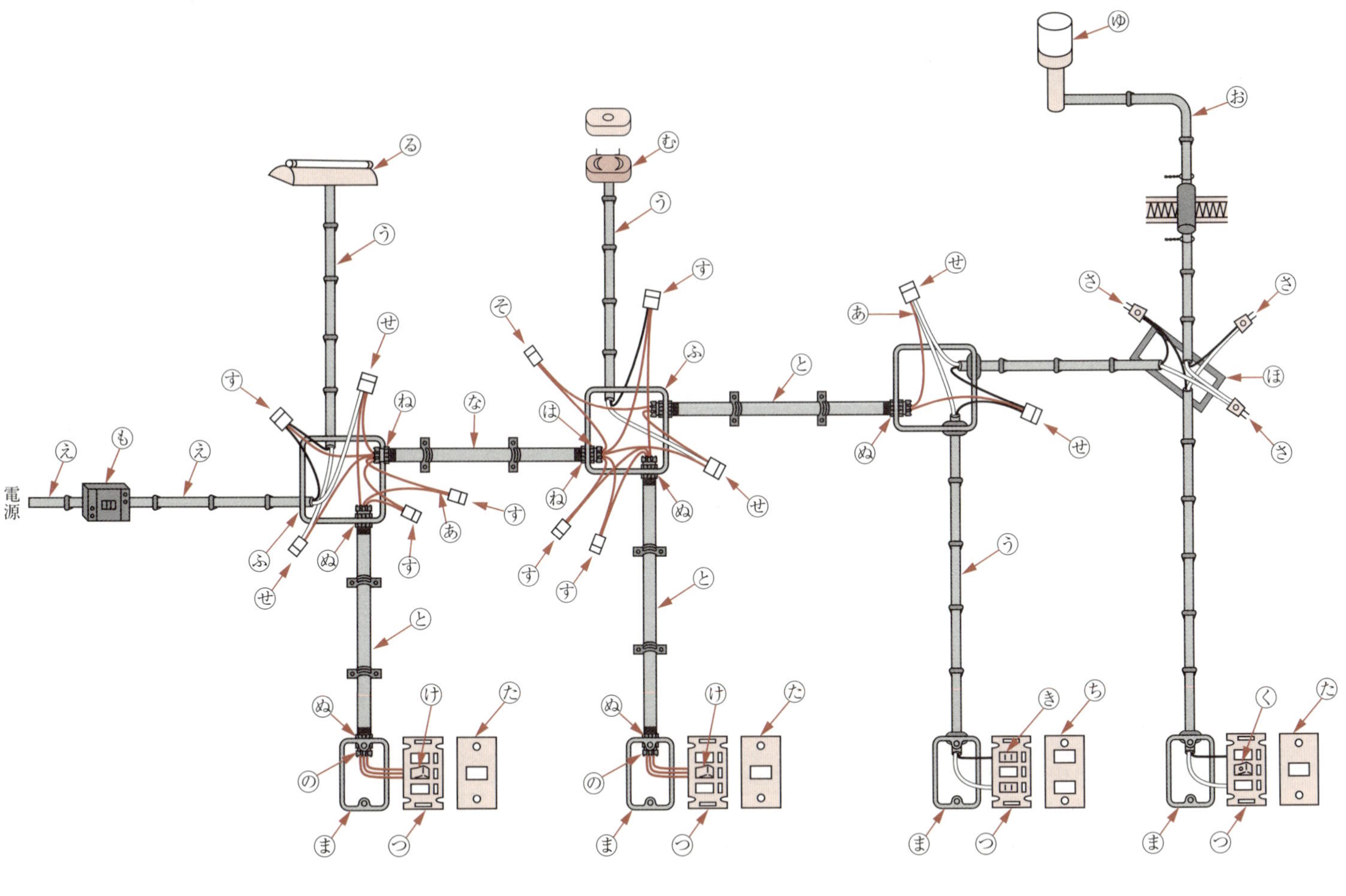

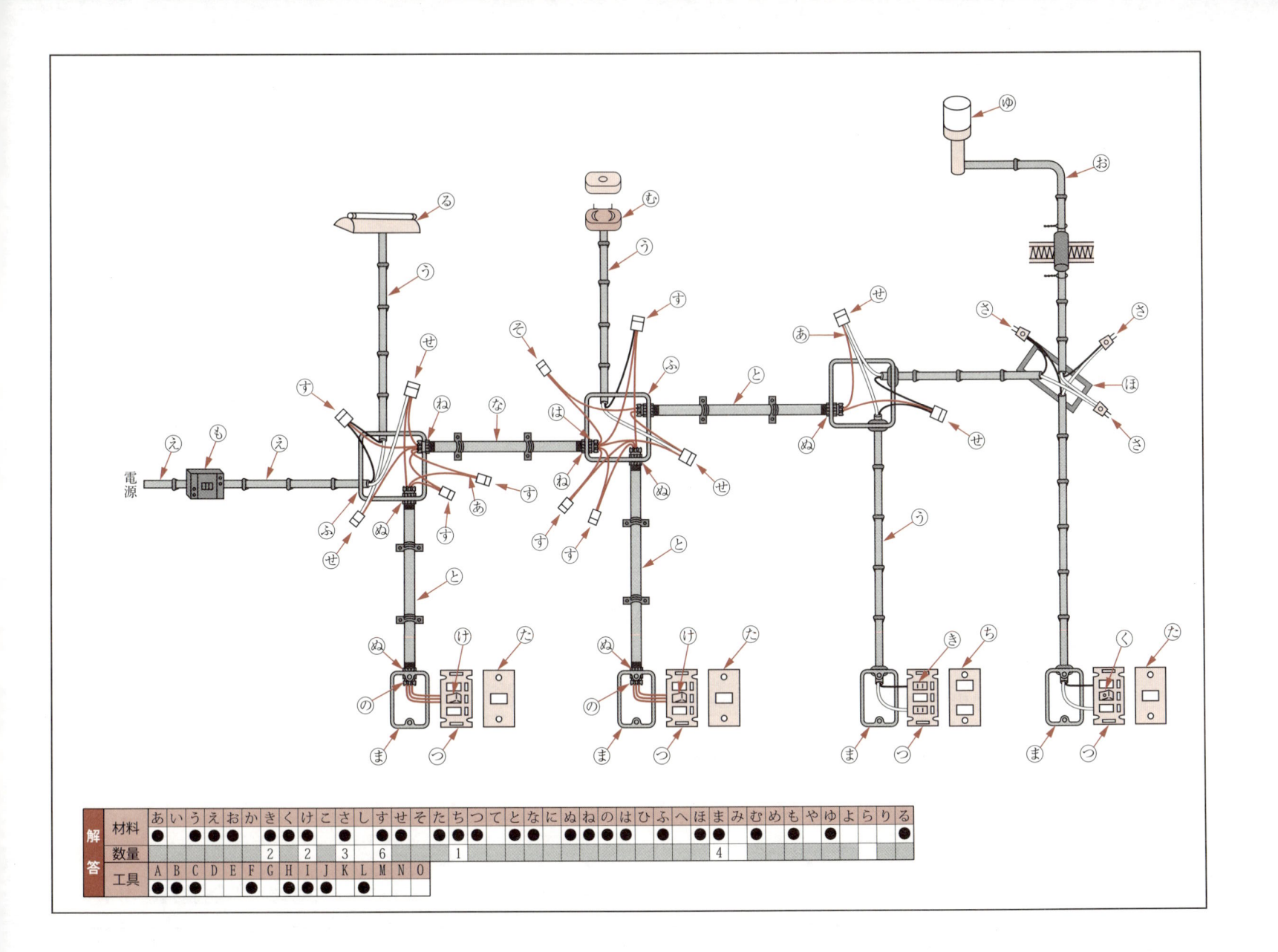

112　第4章　技能試験の徹底研究

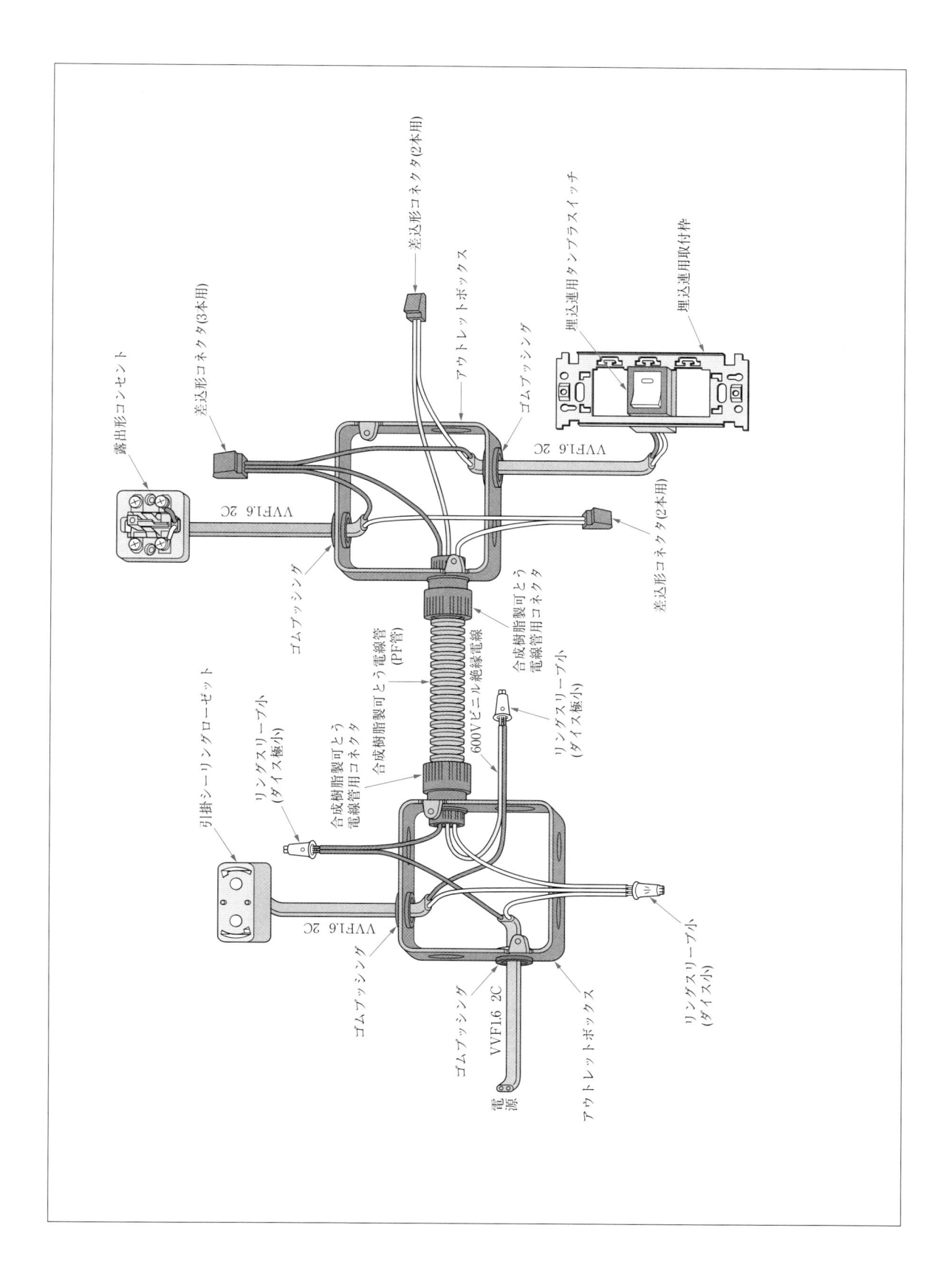

4・1 過去3年間の問題と模範解答　113

材料等選別試験問題（午前） 平成12年度 【試験時間25分】

次の図に示す木造建築の低圧屋内配線工事を施工するために必要な「材料」、「工具」及び「材料の必要最少数量」を、下記の「選別上の条件」に従って、写真に示す記号「あ」、「い」、「う」…の材料、「A」、「B」、「C」…の工具及び答案用紙の材料の数量欄の①②③…の数値のうちから、最も適当なものを選び、答案用紙の「解答」記入例①、②にならって答案用紙に記入しなさい。

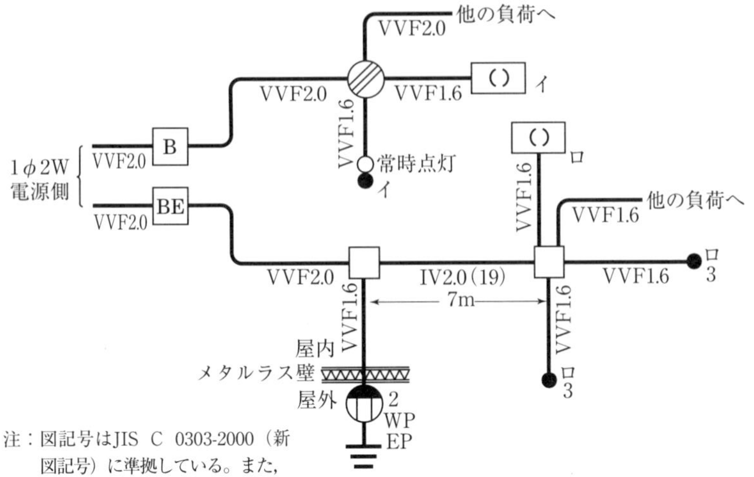

〈 選別上の条件 〉

1. 配線は隠ぺい配線とする。
2. 3路スイッチの端子「0」は、3路スイッチ相互間の接続に使用しないこと。
   3路スイッチの端子「1」及び「3」は、3路スイッチ相互間で接続する。 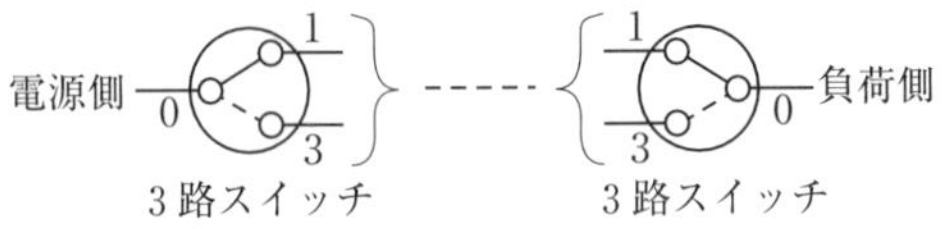
   （3路スイッチの端子「1」及び「3」は、3路スイッチ相互間で接続する。）
3. 金属管は薄鋼電線管（ねじなし電線管を除く。）を使用すること。
4. 防護管の固定には0.9 [mm] ビニル絶縁電線を、わたり線にはVVF 1.6の単心を使用すること。
5. アウトレットボックス及びVVF用ジョイントボックス部分を経由する電線は、ボックス内ですべて接続箇所を設けること。
   ただし、電線の接続は、
   ・アウトレットボックス内は差込形コネクタ接続とする。
   ・VVFジョイントボックス内はリングスリーブによる圧着接続とする。
6. 差込形コネクタは、電線2本接続の場合は2本用、3本接続の場合は3本用を使用すること。
7. 金属管の接地工事は、本問の選別対象外とする。
8. 材料及び工具で、写真に示していないものは必要なものであるが、これらについては本問の選別対象外とする。

(解答用紙)

単位作業試験問題（午前）　平成12年度　【試験時間28分】

図に示す低圧屋内配線工事を与えられた材料を使用し、下記の「施工条件」に従って完成させなさい。

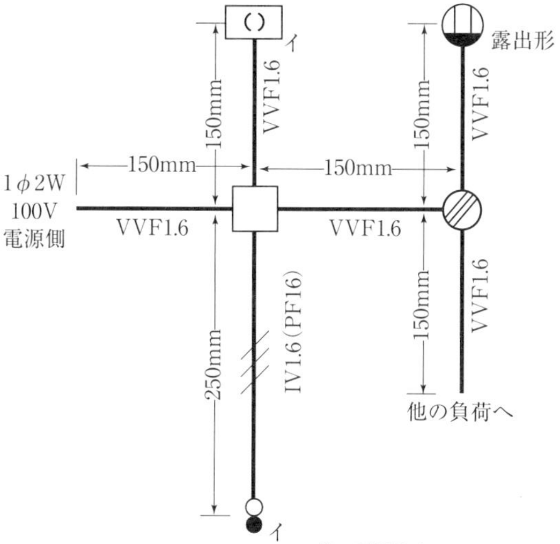

	材　　料	
1.	600Vビニル絶縁電線（黒）1.6mm 長さ約 600mm	1本
2.	600Vビニル絶縁電線（白）1.6mm 長さ約 400mm	1本
3.	600Vビニル絶縁電線（赤）1.6mm 長さ約 400mm	1本
4.	ビニル外装ケーブル平形 2心 1.6mm 長さ約 1,300mm	1本
5.	アウトレットボックス（19mm用ノックアウト 4箇所打抜き済み）…	1個
6.	合成樹脂製可とう電線管（PF16）長さ約 100mm	1本
7.	合成樹脂製可とう電線管用コネクタ（PF16）	2個
8.	埋込連用タンブラスイッチ	1個
9.	埋込連用パイロットランプ	1個
10.	埋込連用取付枠	1個
11.	露出形コンセント（カバーなし）	1個
12.	引掛シーリングローゼット（ボディのみ）	1個
13.	差込形コネクタ（4本用）	1個
14.	ゴムブッシング（19）	3個
15.	リングスリーブ（小）	4個

（配線図）

1φ2W 100V 電源側
VVF1.6 150mm — 150mm — 150mm
IV1.6（PF16）250mm
VVF1.6 150mm — 150mm
露出形
イ
他の負荷へ

注：図記号はJIS C 0303-2000（新図記号）に準拠しているが、問いに直接関係のない部分等は省略又は簡略化してある。

＜施工条件＞

1. パイロットランプは、常時点灯とする。
2. 電線の色別指定（ケーブルの場合は絶縁被覆の色）
   ・接地側電線は白色とし、露出形コンセント及び引掛シーリングローゼットの接地側端子（N、W又は接地側と表示）には、白色の電線を接続すること。
   ・点滅器は非接地側点滅とし、点滅器電源側の電線は黒色とすること。
3. アウトレットボックス
   ・打抜き済みの穴だけを使用すること。
   ・ボックス内の電線は終端接続とし、
   4本の接続は、差込形コネクタによる接続　　　とすること。
   その他の接続は、リングスリーブによる圧着接続
4. VVF用ジョイントボックスは支給していないが、ボックス内接続はリングスリーブによる圧着接続とすること。
5. 露出形コンセントは、台座のケーブル引込口を欠かずに下部からケーブルを挿入すること。

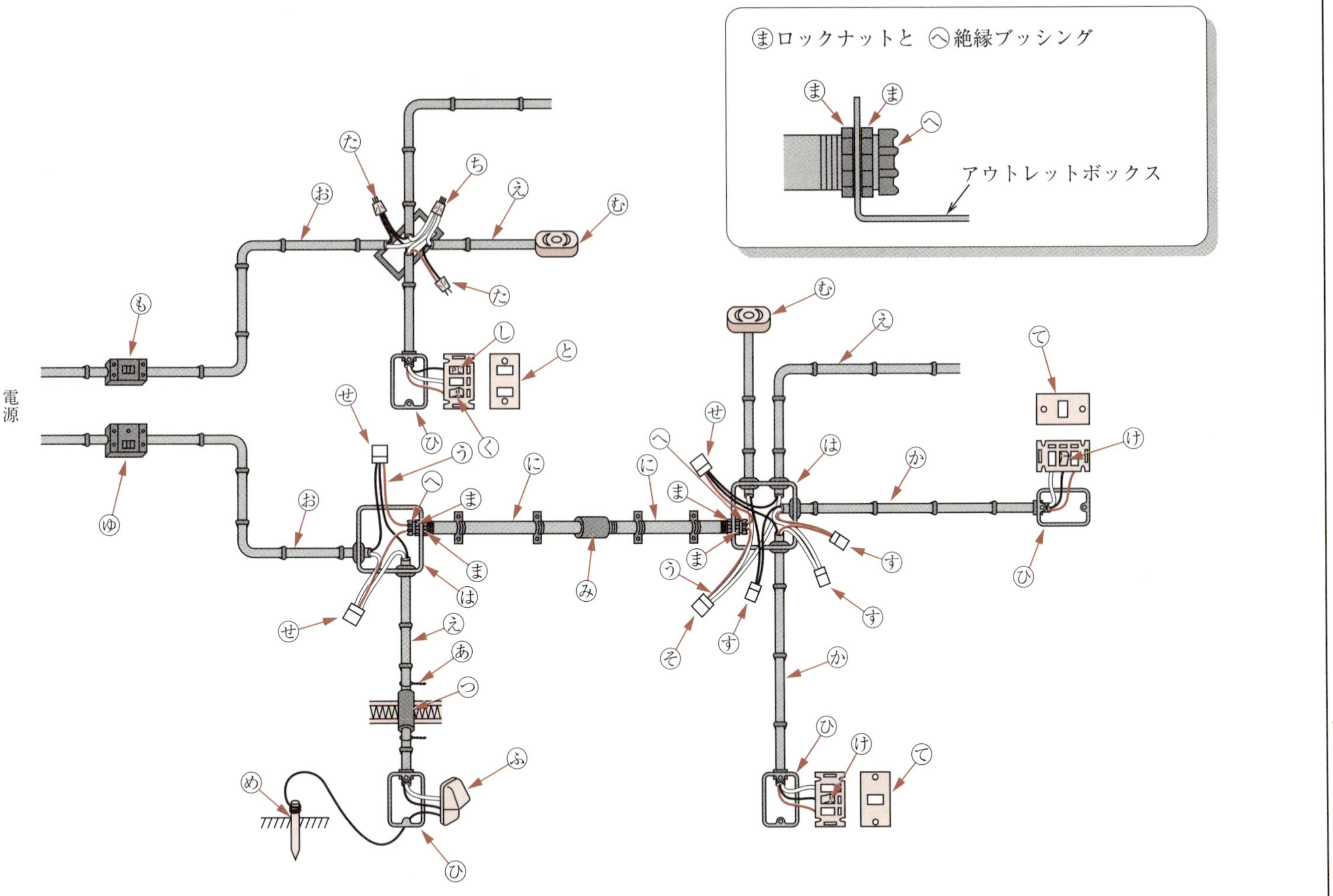

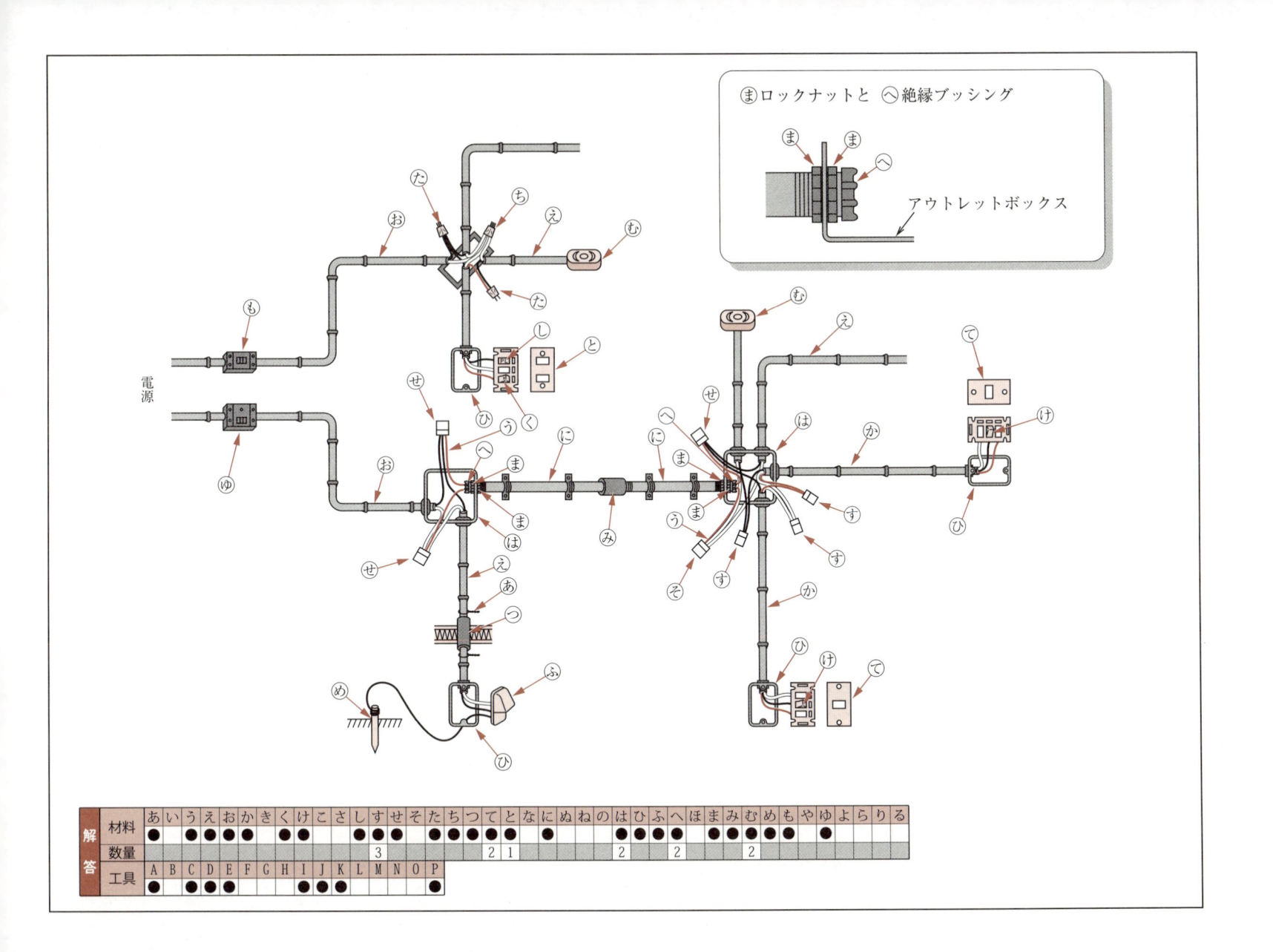

116　第4章　技能試験の徹底研究

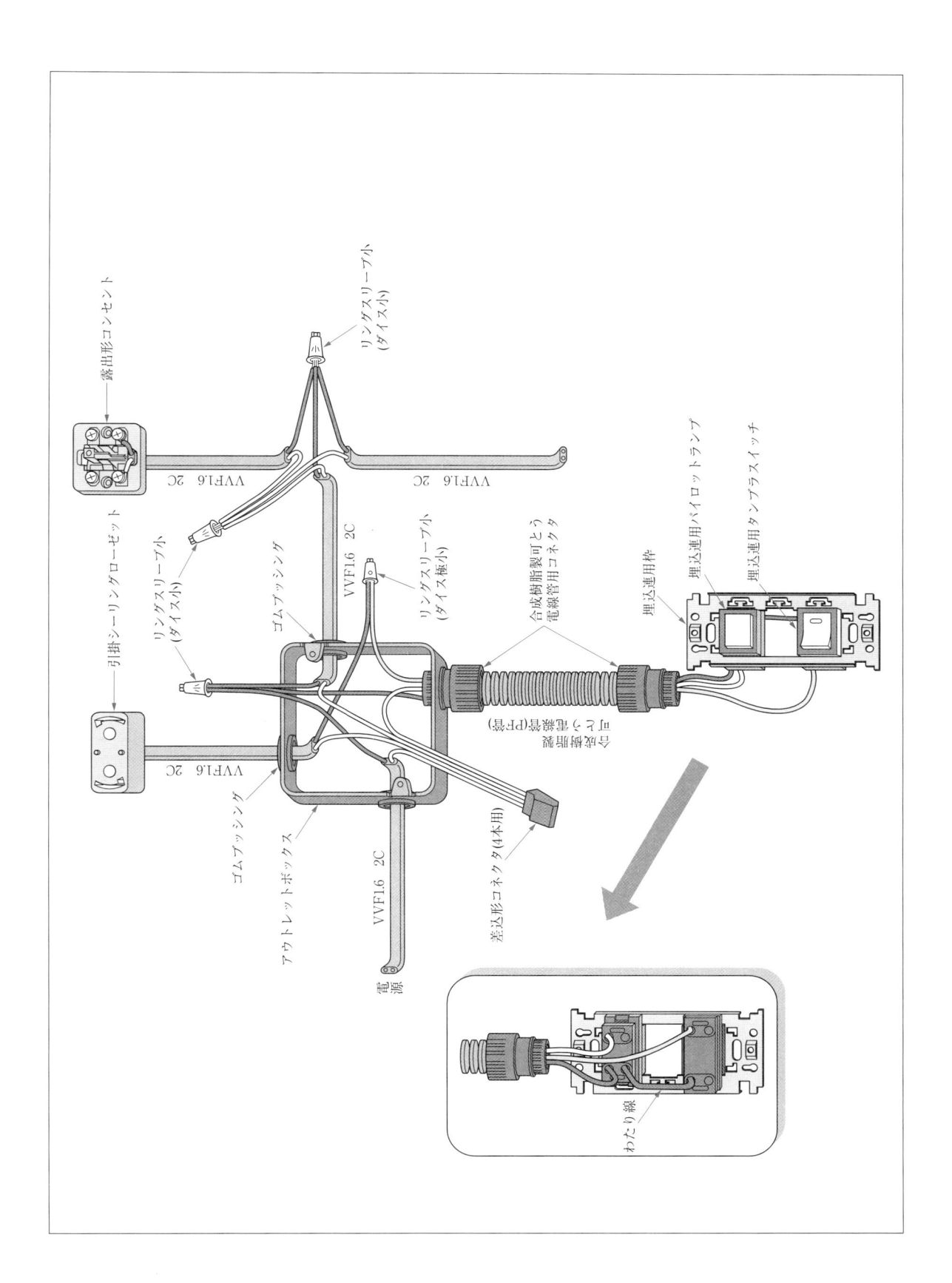

4・1 過去3年間の問題と模範解答 *117*

材料等選別試験問題（午後） 平成12年度 [試験時間25分]

次の図に示す木造建築の低圧屋内配線工事を施工するために必要な「材料」，「工具」及び「材料の必要最少数量」を，下記の「選別上の条件」に従って，写真に示す符号［い］，［ろ］…の材料，［A］，［B］，［C］…の工具及び答案用紙の材料の数量欄の①②③…の数値のうちから，最も適当なものを選び，表面の「解答記入例①，②」にならって答案用紙に記入しなさい。

(注) 図記号は，JIS C 0303-2000に準拠している。また，問いに直接関係のない部分等は，省略又は簡略化してある。

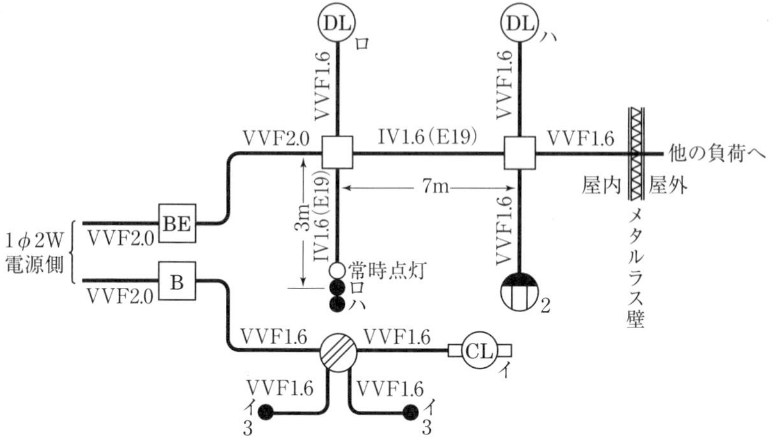

〈選別上の条件〉

1. 配線は隠ぺい配線とする。
2. 3路スイッチの端子［0］は，3路スイッチ相互間の接続に使用しないこと。
   3路スイッチの端子［1］及び［3］は，3路スイッチ相互間で接続すること。
   （3路スイッチ相互間の接続は，3路スイッチを経由する電線とする。）
3. 金属管は，ねじなし電線管を使用すること。
4. 防護管の固定には0.9 [mm] ビニル被覆線を，わたり線にはIV1.6を使用すること。
5. アウトレットボックス及びVVF用VVFジョイントボックスはボックスを経由する電線は，ボックス内ですべて接続箇所を設けること。
   ただし，電線の接続は，
   ・アウトレットボックス内は差込形コネクタ接続
   ・VVF用ジョイントボックス内はリングスリーブによる圧着接続
   とする。
6. 差込形コネクタは，電線2本接続の場合は2本用，3本接続の場合は3本用，4本接続の場合は4本用を使用すること。
7. 金属管の接地工事は，本問の選別対象外とする。
8. 材料及び工具で，写真に示していないものや本問で必要なものはあるが，これらについては本問の選別対象外とする。

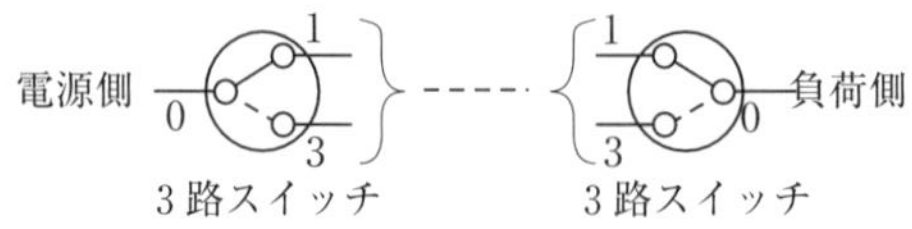

(解答用紙)

単位作業試験問題（午後） 平成12年度 【試験時間28分】

図に示す低圧屋内配線工事を与えられた材料を使用し、下記の「施工条件」に従って完成させなさい。

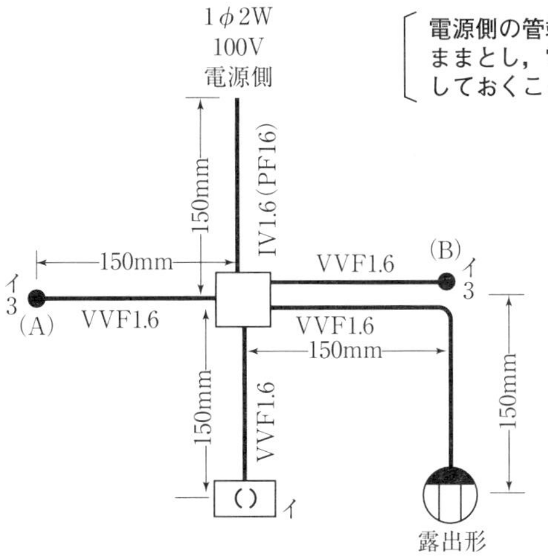

[電源側の管端及び電線は切断したままとし、電線は管端から引き出しておくこと。]

1φ2W 100V 電源側

- 150mm ─ (A) 3 1 VVF1.6
- 150mm ─ IV1.6 (PF16)
- 150mm / 150mm ─ VVF1.6 ─ (B) イ 3
- VVF1.6 ─ ○ イ 露出形
- 150mm

注：図記号は JIS C 0303-2000（新図記号）に準拠している。また、問いに直接関係のない部分は省略又は簡略化してある。

〈施工条件〉

1. 電線の色別指定（ケーブルの場合は絶縁被覆の色）
   ・接地側電線は白色とし、露出形コンセント及び引掛シーリングローゼットの接地側極端子（N、W又は接地側と表示）には、白色の電線を接続すること。
   ・電源から点滅器（A）までの電線（非接地側）は黒色とすること。
   ・非接地側電線点滅器には、「0」記号の端子には電源側又は負荷側の電線を接続し、「1」と「3」の記号の端子にはスイッチ相互間の電線を接続すること。

2. 3路スイッチの配線方法

3. アウトレットボックス
   ・打抜き済みの穴だけを使用すること。

・ボックス内の電線は終端接続とし、
3本の接続は、差込形コネクタによる接続
その他の接続は、リングスリーブによる圧着接続 }とすること。

4. 露出形コンセントは、台座のケーブル引込口を欠かさず下部からケーブルを挿入すること。

材　料	
1. 600Vビニル絶縁電線（黒）1.6mm 長さ約 250mm	1本
2. 600Vビニル絶縁電線（白）1.6mm 長さ約 250mm	1本
3. ビニル外装ケーブル平形 2心 1.6mm 長さ約 700mm	1本
4. ビニル外装ケーブル平形 3心 1.6mm 長さ約 600mm	1本
5. アウトレットボックス（19mm用ノックアウト4箇所打抜き済み及び25mm用ノックアウト1箇所打抜き済み）	1個
6. 合成樹脂製可とう電線管（PF16） 長さ約 100mm	1本
7. 合成樹脂製可とう電線管用コネクタ（PF16）	1個
8. 埋込連用3路タンブラスイッチ	2個
9. 埋込連用取付枠	2個
10. 露出形コンセント（カバーなし）	1個
11. 引掛シーリングローゼット（ボディのみ）	1個
12. ゴムブッシング（19）	3個
13. ゴムブッシング（25）	1個
14. リングスリーブ（小）	3個
15. 差込形コネクタ（3本用）	2個

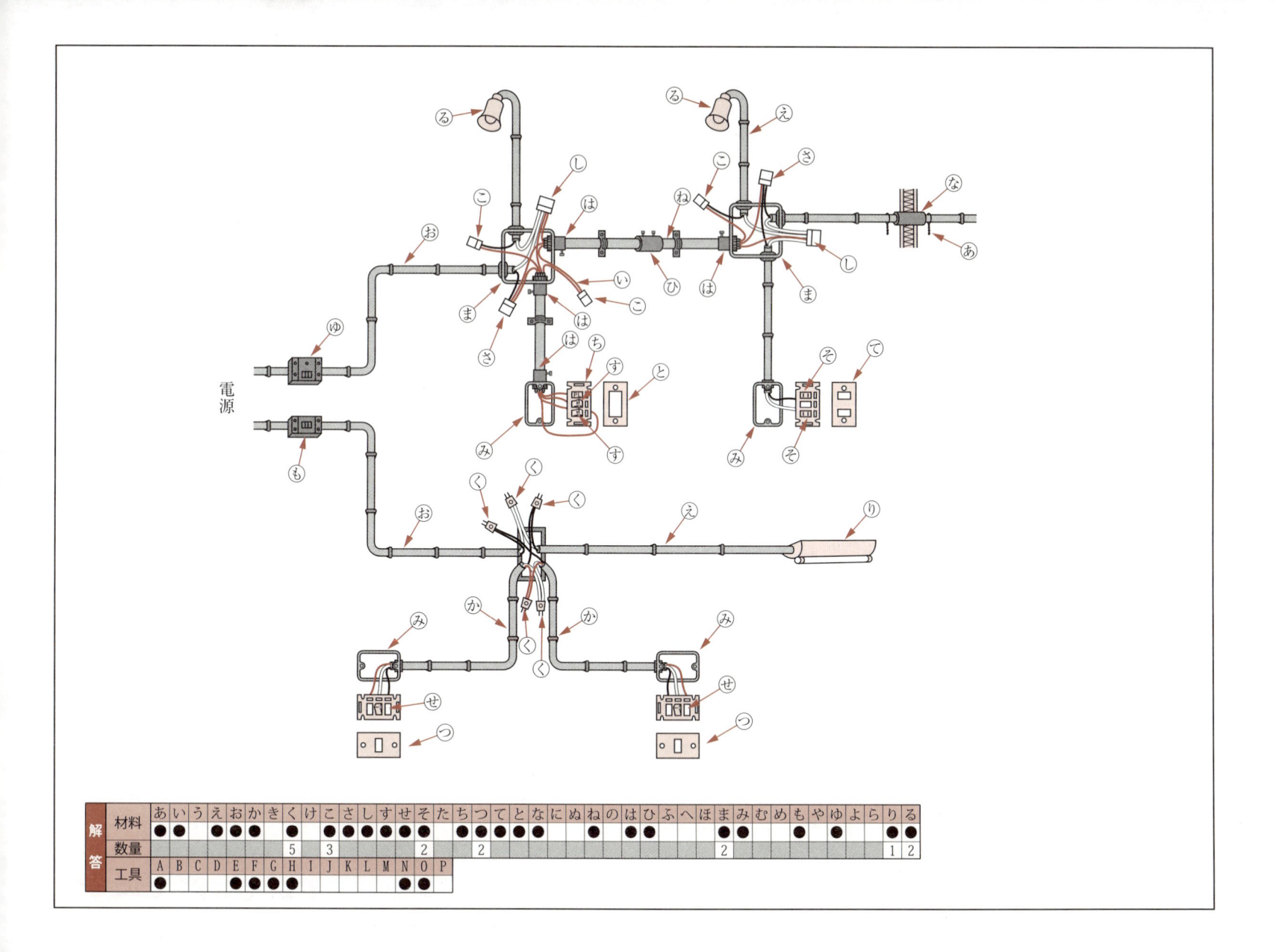

120　第4章　技能試験の徹底研究

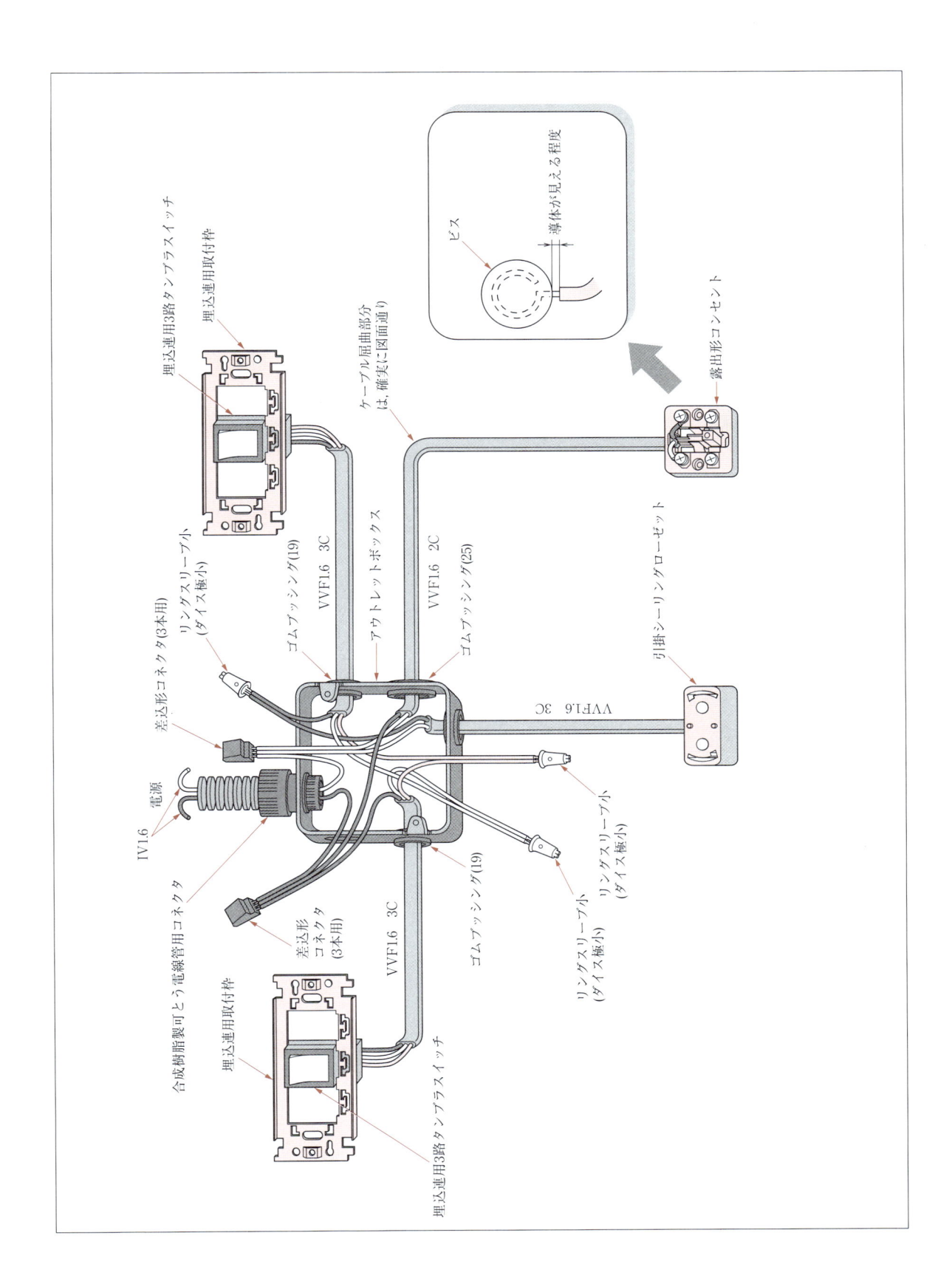

4・1 過去3年間の問題と模範解答　121

図解
第二種電気工事士技能試験テキスト

1991年 5 月10日	第 1 版 1 刷発行	編　者　Ⓒ東京電機大学出版局編
1993年 3 月30日	第 1 版 2 刷発行	
1994年 1 月10日	第 2 版 1 刷発行	
1995年 5 月20日	第 2 版 3 刷発行	発行者　学校法人　東京電機大学
1997年 7 月10日	第 3 版 1 刷発行	代表者　丸山　孝一郎
1998年 8 月20日	第 3 版 2 刷発行	発行所　東京電機大学出版局
2000年 5 月20日	第 4 版 1 刷発行	〒101-8457
2002年12月20日	第 4 版 3 刷発行	東京都千代田区神田錦町2-2
2003年 6 月30日	第 5 版 1 刷発行	振替口座　00160-5-71715
		電話　(03)5280-3433（営業）
		(03)5280-3422（編集）

印刷　三立工芸㈱
製本　渡辺製本㈱
装丁　高橋壮一　　　　　　　　　　　　　Printed in Japan

＊無断で転載することを禁じます。
＊落丁・乱丁本はお取替えいたします。

ISBN 4-501-11110-0　C3054

電気工事士・電験受験参考書

改訂 早わかり
第二種電気工事士受験テキスト

渡邊敏章 他共著　A5判　244頁

合格のための直前対策や総まとめのテキストとして好評の前書を，電気工事士法の改正に伴い内容を全面的に見直し改訂した。

図解
第二種電気工事士テキスト

渡邊敏章 他共著　A5判　360頁

理論の基礎からわかりやすい図解を用いて確実に理解を深めていけるように構成。さらに，第一種受験への足掛りとなるように内容を補強・充実。独学書，学校等の講習テキストとして最適。

合格精選320題
第二種電気工事士 筆記試験問題集

粉川昌巳 著　B6判　194頁

筆記試験対策問題集。過去の出題から著者が厳選した320題を収録し，この一冊でほぼすべての出題範囲を網羅した。工業高校の生徒から，電気関連業種の社会人までを読者対象とする。

図解
第二種電気工事士技能試験テキスト

東京電機大学出版局 編　B5判　136頁　2色刷

「合格への道しるべ」として，試験直前まで使えることを目的に編集したもので，限られた練習時間の中でどのような形式の問題にも対応できる力がつく。

合格精選400題
第一種電気工事士 筆記試験問題集

粉川昌巳 著　B6判　266頁

過去の出題から著者が厳選した400題を収録し，この一冊でほぼすべての出題範囲を網羅した。ポケットサイズで，手軽に実力アップが図れる。

第一種電気工事士テキスト　第2版

電気工事士試験受験研究会 編　B5判　288頁

今までに出題された問題の傾向を十分に検討し，基礎理論から鑑別の写真までを体系的にまとめてあるので，学校の教科書や独学で学ぶ人に最適である。

合格電験
三種 理論

山本忠勝 著　B5判　272頁

過去の出題傾向を分析し，見開き2ページで重要項目，例題と解答を掲載。携帯性に優れたポケットサイズなので，電車の中などちょっとした時間を利用して，実力アップが図れる。

合格電験
三種 電力

山本忠勝 著　B5判　376頁

過去の出題傾向を分析し，見開き2ページで重要項目，例題と解答を掲載。携帯性に優れたポケットサイズなので，電車の中などちょっとした時間を利用して，実力アップが図れる。

合格精選320題
電験三種 問題集

山本忠勝 著　B5判　324頁

既往問題を解析して，実戦的問題を系列的に配列。表ページに問題，裏ページにその解答と解説を掲載。すべての問題が表裏で完結するように編集してあり，電車の中などで手軽に利用できる。

電気設備技術基準　審査基準・解釈

東京電機大学 編　B6判　458頁

電気設備技術基準およびその解釈を読みやすく編集。関連する電気事業法・電気工事士法・電気工事業法を併載し，現場技術者および電気を学ぶ学生にわかりやすいと評判。

＊定価，図書目録のお問い合わせ・ご要望は出版局までお願いいたします。

URL　http://www.dendai.ac.jp/press/

EJ-001

電気工学図書

詳解付
電気基礎　上
直流回路・電気磁気・基本交流回路
川島純一／斎藤広吉　共著　　A5判　368頁

本書は，電気を基礎から初めて学ぶ人のために，理解しやすく，学びやすいことを重点において編集。豊富な例題と詳しい解答。

詳解付
電気基礎　下
交流回路・基本電気計測
津村栄一／宮崎登／菊池諒　共著　　A5判　322頁

上・下巻を通して学ぶことにより，電気の知識が身につく。各章には，例題や問，演習問題が多数入れてあり，詳しい解答も付けてある。

電気設備技術基準　審査基準・解釈

東京電機大学　編　　B6判　458頁
電気設備技術基準およびその解釈を読みやすく編集。関連する電気事業法・電気工事士法・電気工事業法を併載し，現場技術者および電気を学ぶ学生にわかりやすいと評判。

4訂版
電気法規と電気施設管理

竹野正二　著　　A5判　352頁
大学生から高校までが理解できるように平易に解説。電気施設管理については，高専や短大の学生および第2～3種電験受験者が習得しておかなければならない基本的な事項をまとめてある。

基礎テキスト
電気理論

間邊幸三郎　著　　B5判　224頁

電気の基礎である電磁気について，電界・電位・静電容量・磁気・電流から電磁誘導までを，例題や練習問題を多く取り入れやさしく解説。

基礎テキスト
回路理論

間邊幸三郎　著　　B5判　274頁

直流回路・交流回路の基礎から三相回路・過渡現象までを平易に解説。難解な数式の展開をさけ，内容の理解に重点を置いた。

基礎テキスト
電気・電子計測

三好正二　著　　B5判　256頁

初級技術者や高専・大学・電験受験者のテキストとして，基礎理論から実務に役立つ応用計測技術までを解説。

基礎テキスト
発送配電・材料

前田隆文／吉野利広／田中政直　共著　B5判　296頁

発電・変電・送電・配電等の電力部門および電気材料部門を，基礎に重点をおきながら，最新の内容を取り入れてまとめた。

基礎テキスト
電気応用と情報技術

前田隆文　著　　B5判　192頁

照明，電熱，電動力応用，電気加工，電気化学，自動制御，メカトロニクス，情報処理，情報伝送について，広範囲にわたり基礎理論を詳しく解説。

理工学講座
基礎 電気・電子工学　第2版

宮入庄太／磯部直吉／前田明志　監修　A5判　306頁

電気・電子技術全般を理解できるように執筆・編集してあり，大学理工学部の基礎課程のテキストに最適である。2色刷。

＊定価，図書目録のお問い合わせ・ご要望は出版局までお願いいたします。
URL http://www.dendai.ac.jp/press/

「たのしくできる」シリーズ

たのしくできる
やさしい エレクトロニクス工作

西田和明 著　　A5判　148頁

身近で多くのエレクトロニクス技術が使われている。本書は，このエレクトロニクスを少しでも手作りで体験するために，やさしい工作をすすめながら原理や基本を学ぶ。

たのしくできる
やさしい 電源の作り方

西田和明／矢野勲 共著　　A5判　172頁

身近なエレクトロニクス機器用電源について，実際に回路を製作しながらやさしく解説。電源についての基礎や理論が理解できる。

たのしくできる
やさしい アナログ回路の実験

白土義男 著　　A5判　196頁

6種類の簡単な実験や回路の製作を工作を通じて，実用的なアナログ回路の基礎から応用までをやさしく解説。

たのしくできる
PIC電子工作　－ CD-ROM付 －

後閑哲也 著　　A5判　202頁

PICを徹底的に遊びに使うために回路の製作法やプログラミングの"コツ"についてPIC16F84Aを使ってやさしく解説。

たのしくできる
単相インバータの製作と実験

鈴木美朗志 著　　A5判　160頁

単相インバータのしくみと単相インバータによる機械の制御について，基礎からまとめた入門書。主に，インバータの基本であるアナログ単相インバータについて取り上げた。

たのしくできる
やさしい 電子ロボット工作

西田和明 著　　A5判　136頁

電子工作が初めての読者を対象に，簡単な光・音・超音波センサを使ったおもしろい電子ロボットが製作できる。

たのしくできる
やさしい メカトロ工作

小峯龍男 著　　A5判　172頁

メカトロニクスについて，各種ロボットを作りながら，初歩から応用までを解説。自由研究などのロボット製作としても最適。

たのしくできる
やさしい ディジタル回路の実験

白土義男 著　　A5判　184頁

簡単な回路を製作し，実験を行いながら，エレクトロニクス技術の基礎から応用までが身につくように解説。

たのしくできる
PICプログラミングと制御実験　－ CD-ROM付 －

鈴木美朗志 著　　A5判　244頁

もっともポピュラーなPIC16F84Aのみを用い，PICのプログラミングから周辺回路の動作原理までをやさしく解説。実用的な制御回路について学ぶことができる。

たのしくできる
センサ回路と制御実験

鈴木美朗志 著　　A5判　200頁

実験を通して，センサ回路とマイコン制御を基礎から学ぶ。本文中で解説したセンサはどれも一般的なものであり，入手が容易である。

＊定価，図書目録のお問い合わせ・ご要望は出版局までお願いいたします。
URL　http://www.dendai.ac.jp/press/

材料　材料等選別写真　午前の部　平成14年度

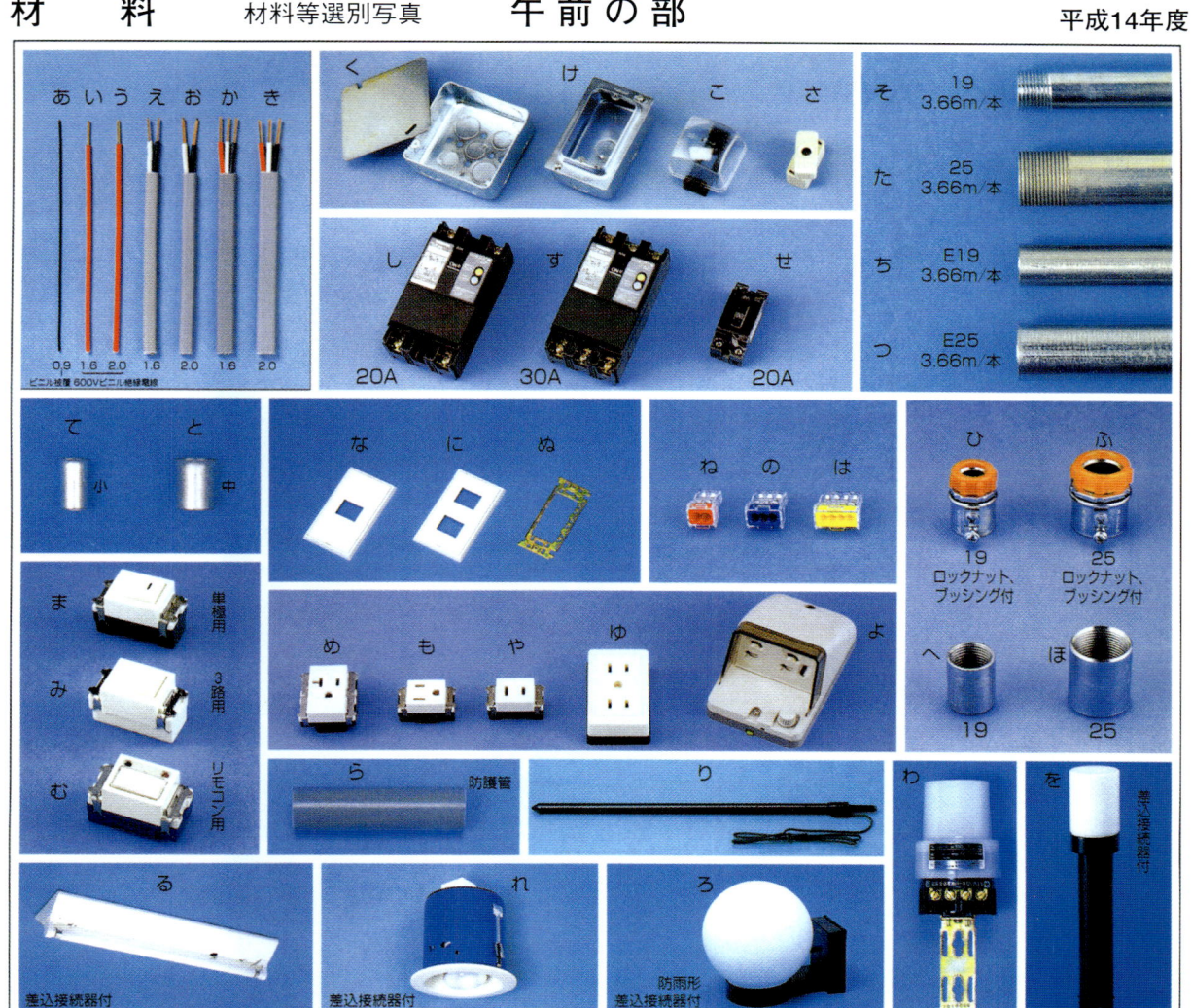

材料

- あ、い、う、え、お、か、き — ビニル線類 0.9, 1.6, 2.0, 1.6, 2.0, 1.6, 2.0（ビニル平形 600Vビニル絶縁電線）
- く、け、こ、さ — ボックス類
- し 20A、す 30A、せ 20A — 配線用遮断器等
- そ 19 3.66m/本
- た 25 3.66m/本
- ち E19 3.66m/本
- つ E25 3.66m/本
- て 小、と 中
- な、に、ぬ — プレート類
- ね、の、は — コネクタ類
- ひ 19 ロックナット、ブッシング付
- ふ 25 ロックナット、ブッシング付
- へ 19、ほ 25
- ま 単極用、み 3路用、む リモコン用
- め、も、や、ゆ、よ — コンセント類
- ら 防護管
- り
- わ
- を 差込接続器付
- る 差込接続器付
- れ 差込接続器付
- ろ 防雨形 差込接続器付

工具

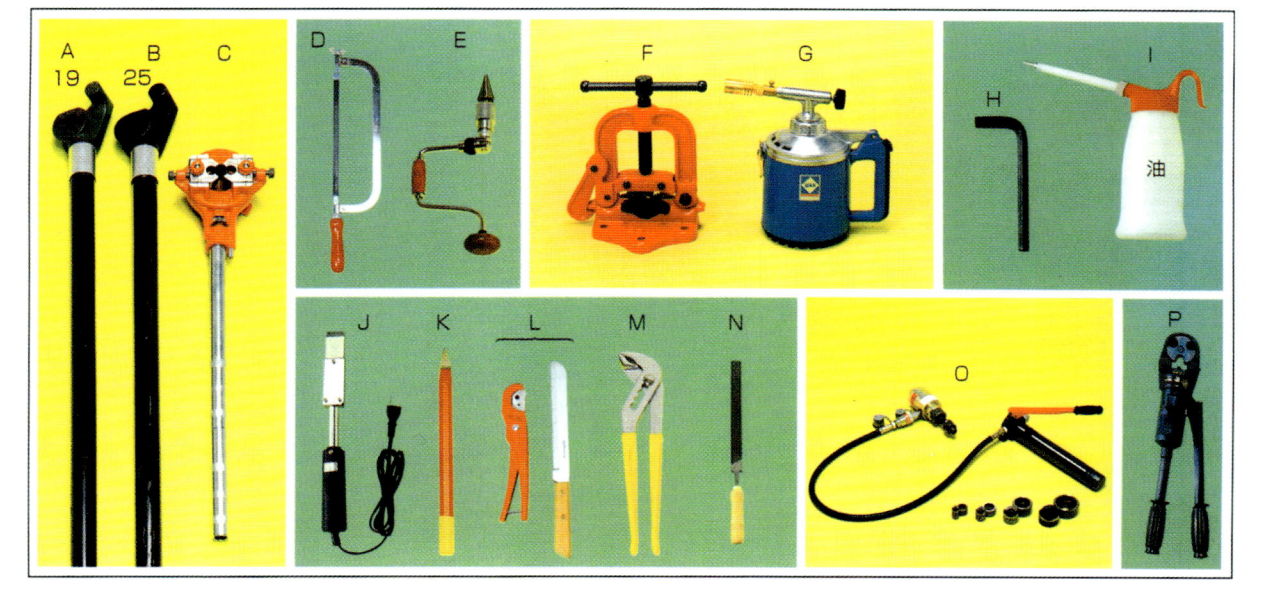

- A 19、B 25、C
- D、E
- F、G
- H、I 油
- J、K、L、M、N
- O
- P

材料

材料等選別写真　　午後の部　　平成14年度

- あ 0.9 ビニル被覆
- い 1.6
- う 2.0
- え 1.6 600Vビニル絶縁電線
- お 2.0
- か 1.6
- き 2.0
- く 19 3.66m/本
- け 25 3.66m/本
- こ E19 3.66m/本
- さ E25 3.66m/本
- し 20A
- す 30A
- せ 20A
- そ、た、ち、つ
- て 19
- と 25
- な 19
- に 25
- ぬ、ね、の、は、ひ
- ふ 小
- へ 中
- ほ、ま、み
- む、め、も
- や 単極用
- ゆ 3路用
- よ リモコン用
- ら 差込接続器付
- り
- る
- れ 防護管
- ろ 差込接続器付
- わ 差込接続器付
- を 防雨形 差込接続器付

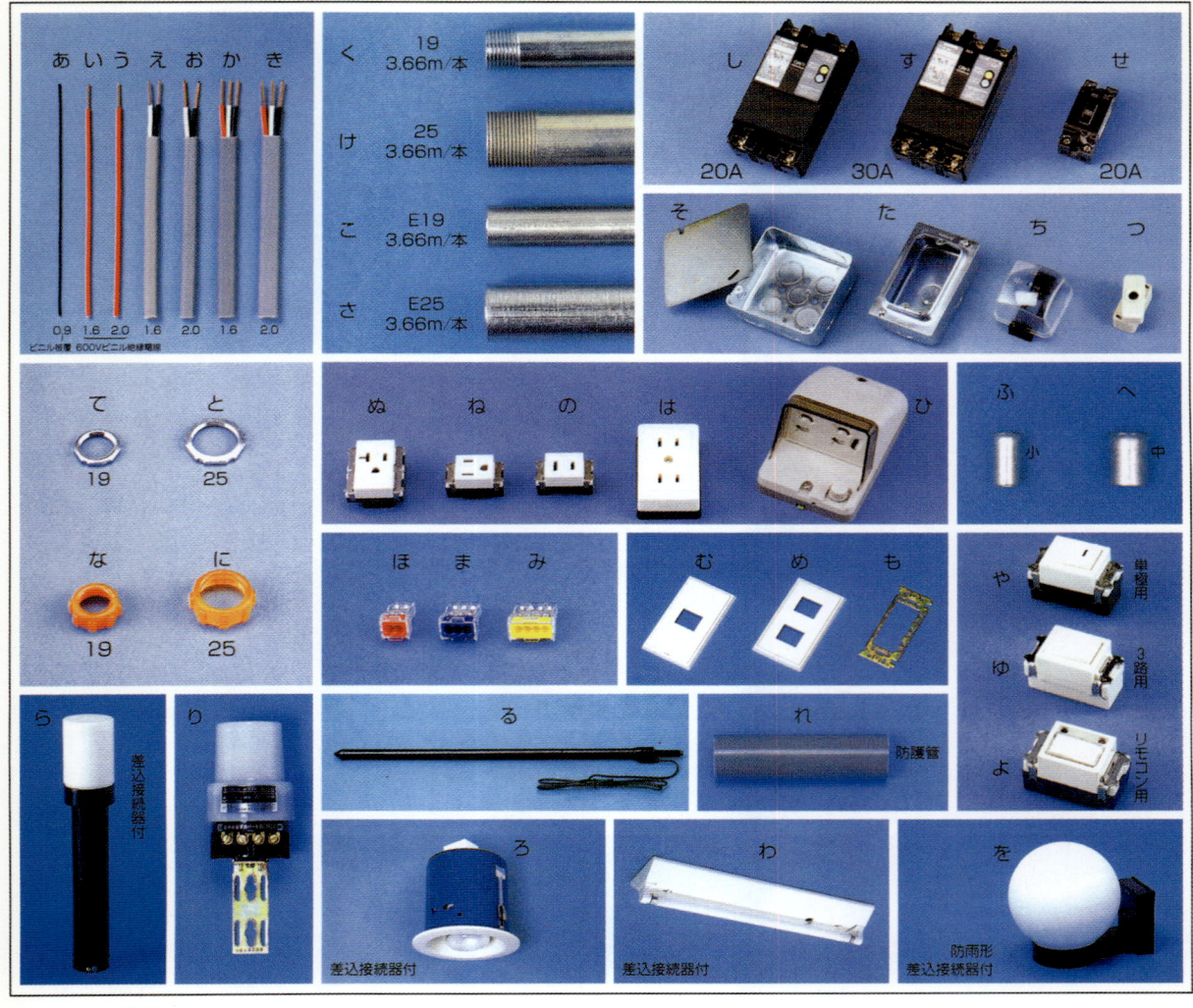

工具

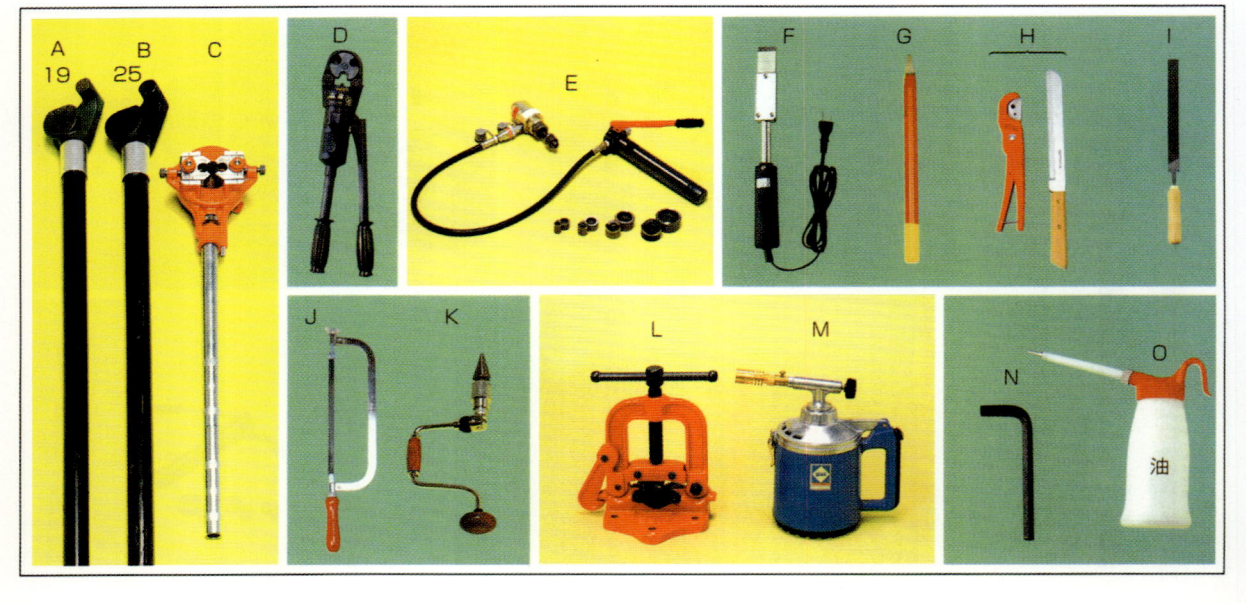

- A 19
- B 25
- C
- D
- E
- F
- G
- H
- I
- J
- K
- L
- M
- N
- O 油

材料

材料等選別写真　　午前の部　　　　　　　　　平成13年度

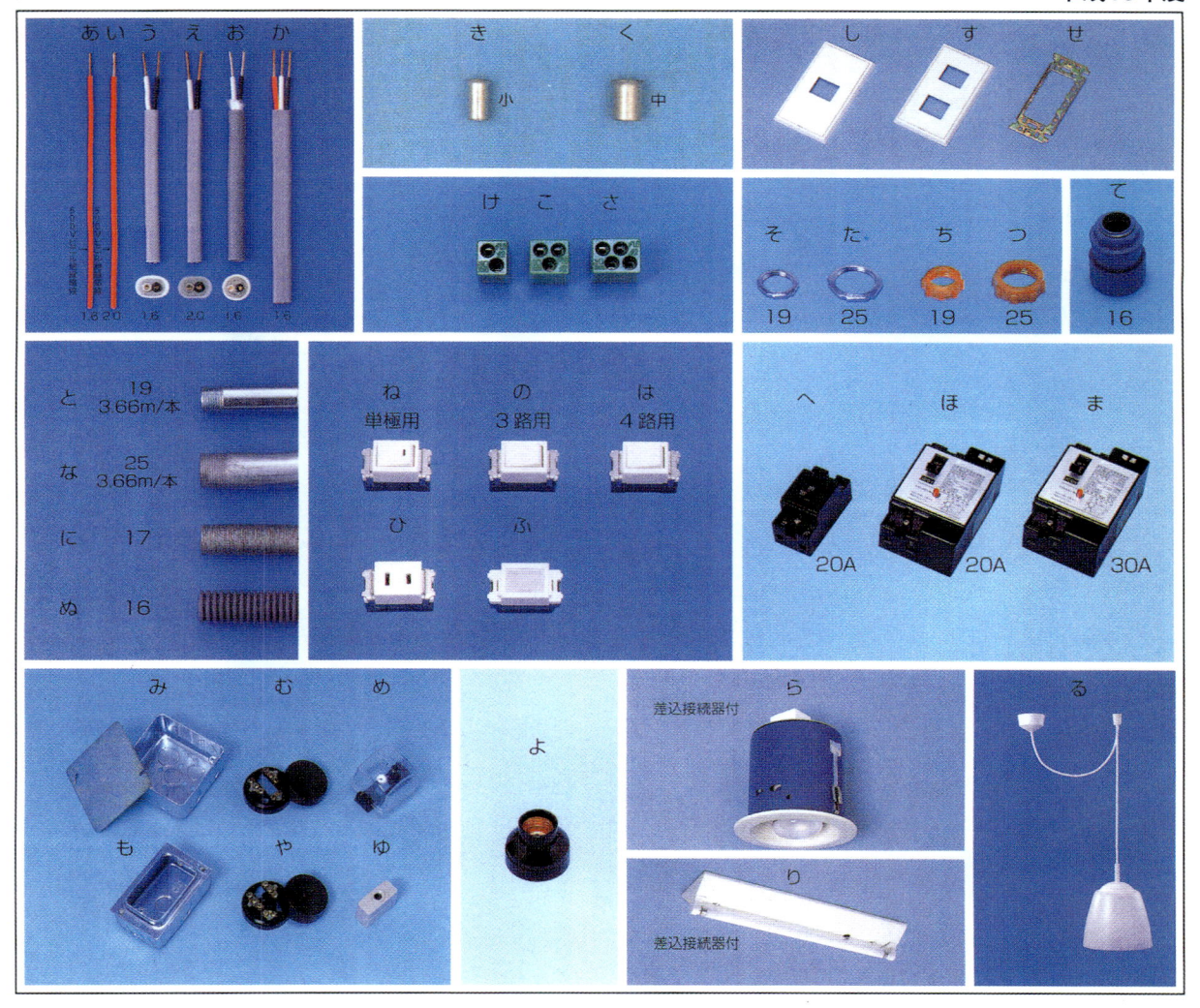

記号	内容
あ	1.6
い	2.0
う	1.6
え	2.0
お	1.6
か	1.6
き	小
く	中
け, こ, さ	—
し, す, せ	—
そ	19
た	25
ち	19
つ	25
て	16
と	19　3.66m/本
な	25　3.66m/本
に	17
ぬ	16
ね	単極用
の	3路用
は	4路用
ひ, ふ	—
へ	20A
ほ	20A
ま	30A
み, む, め, も, や, ゆ	—
よ	—
ら	差込接続器付
り	差込接続器付
る	—

工具

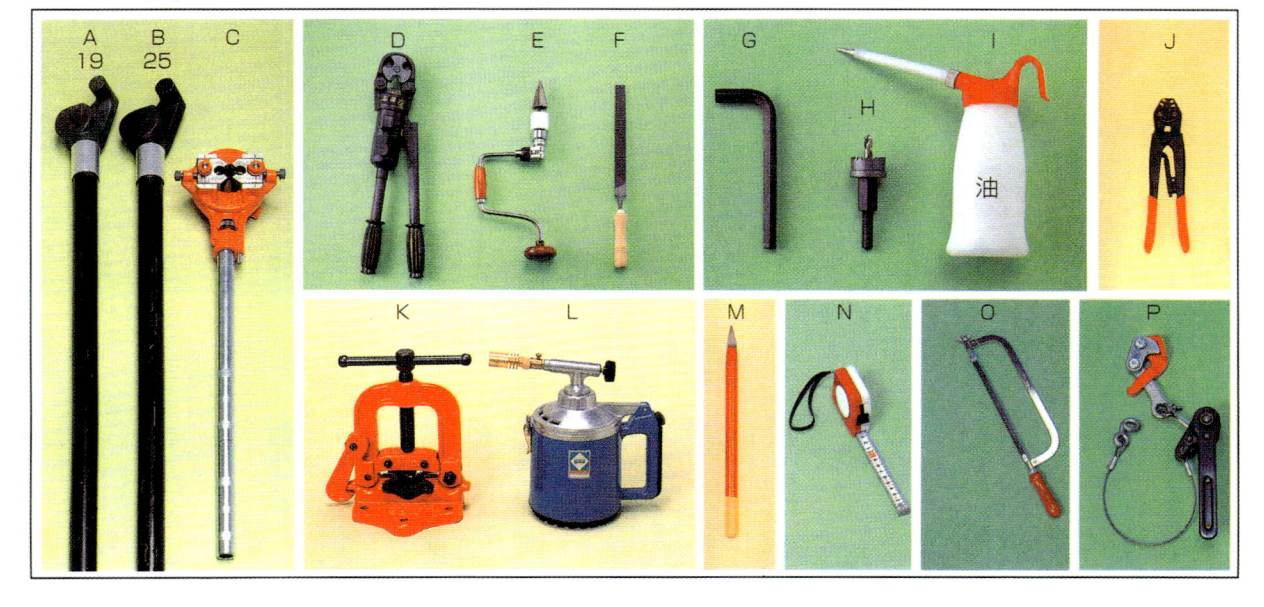

A　19
B　25
C, D, E, F, G, H, I（油）, J, K, L, M, N, O, P

材料

材料等選別写真　　午後の部　　平成13年度

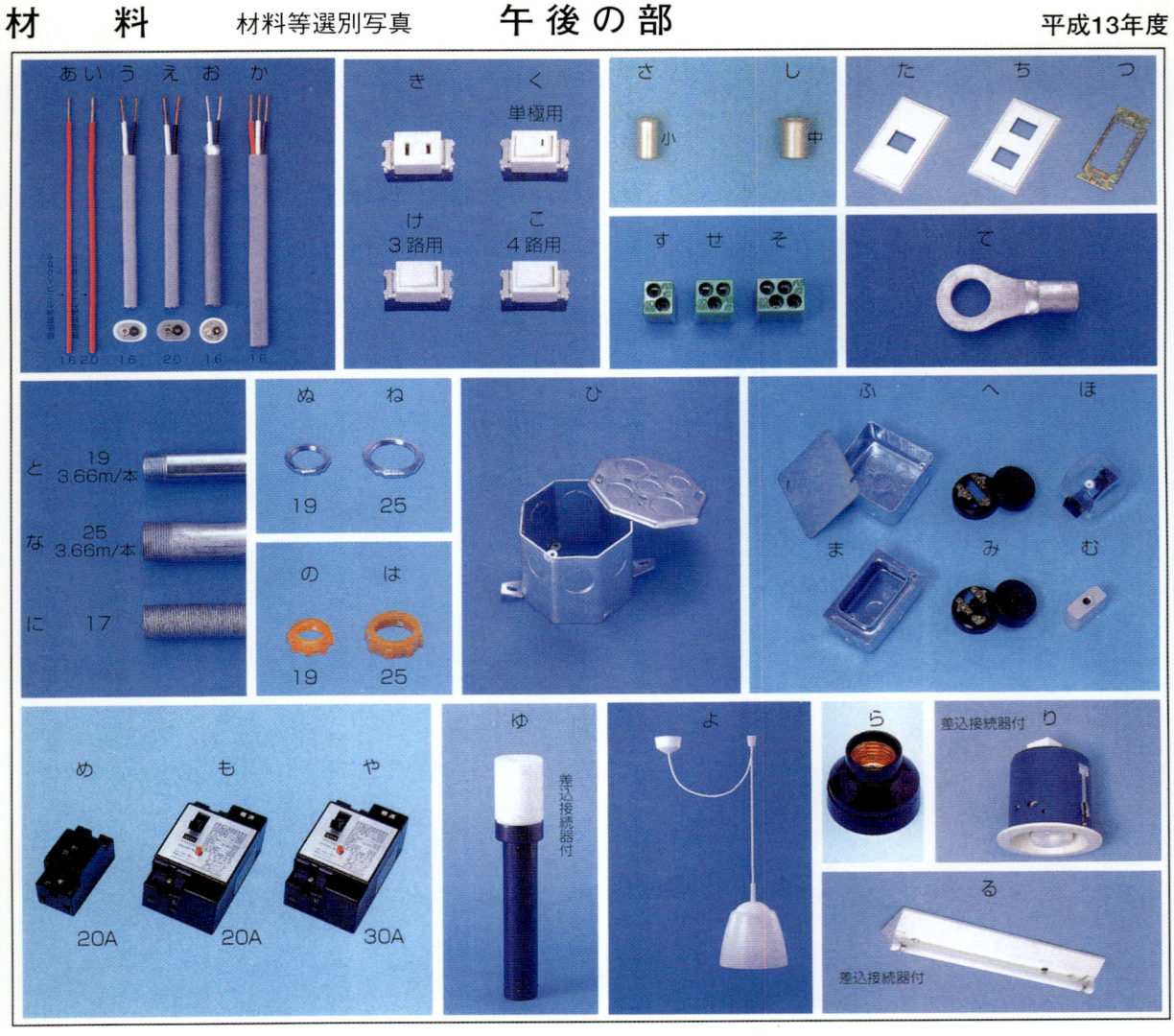

記号	内容
あ	1.6
い	2.0
う	1.6
え	2.0
お	1.6
か	1.6
き	（コンセント）
く	単極用
け	3路用
こ	4路用
さ	小
し	中
す	
せ	
そ	
た	
ち	
つ	
て	
と	19　3.66m/本
な	25　3.66m/本
に	17
ぬ	19
ね	25
の	19
は	25
ひ	
ふ	
へ	
ほ	
ま	
み	
む	
め	20A
も	20A
や	30A
ゆ	差込接続器付
よ	
ら	
り	差込接続器付
る	差込接続器付

工具

記号	内容
A	19
B	25
C	
D	
E	
F	油
G	
H	
I	
J	
K	
L	
M	
N	
O	

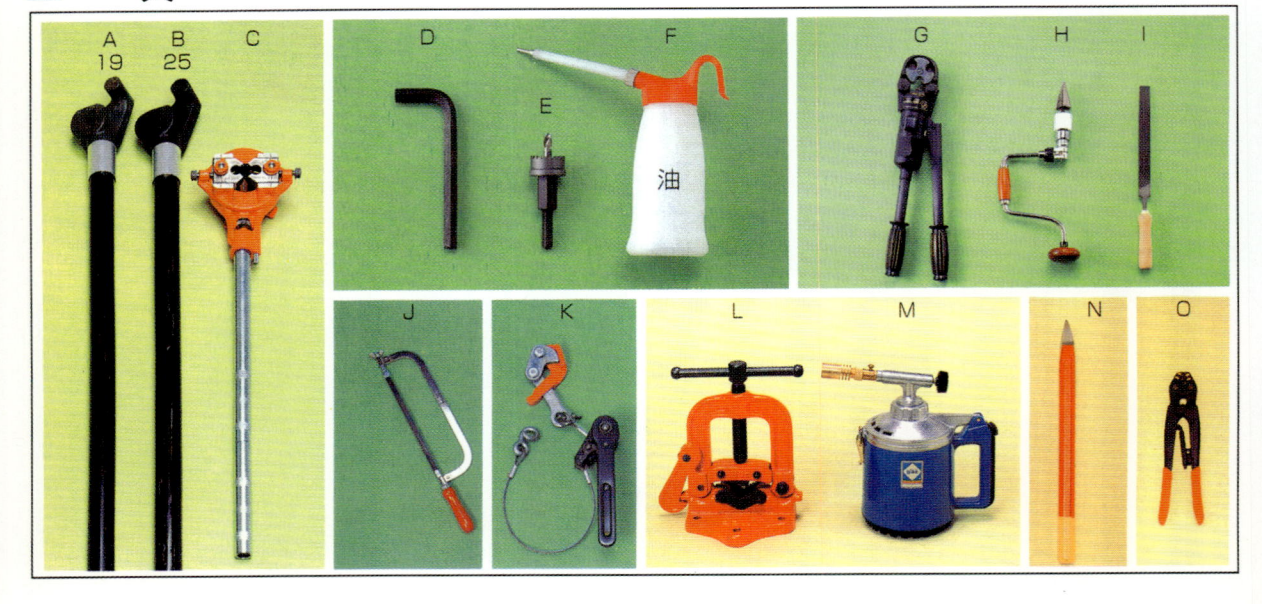

材料　材料等選別写真　　午前の部　　　平成12年度

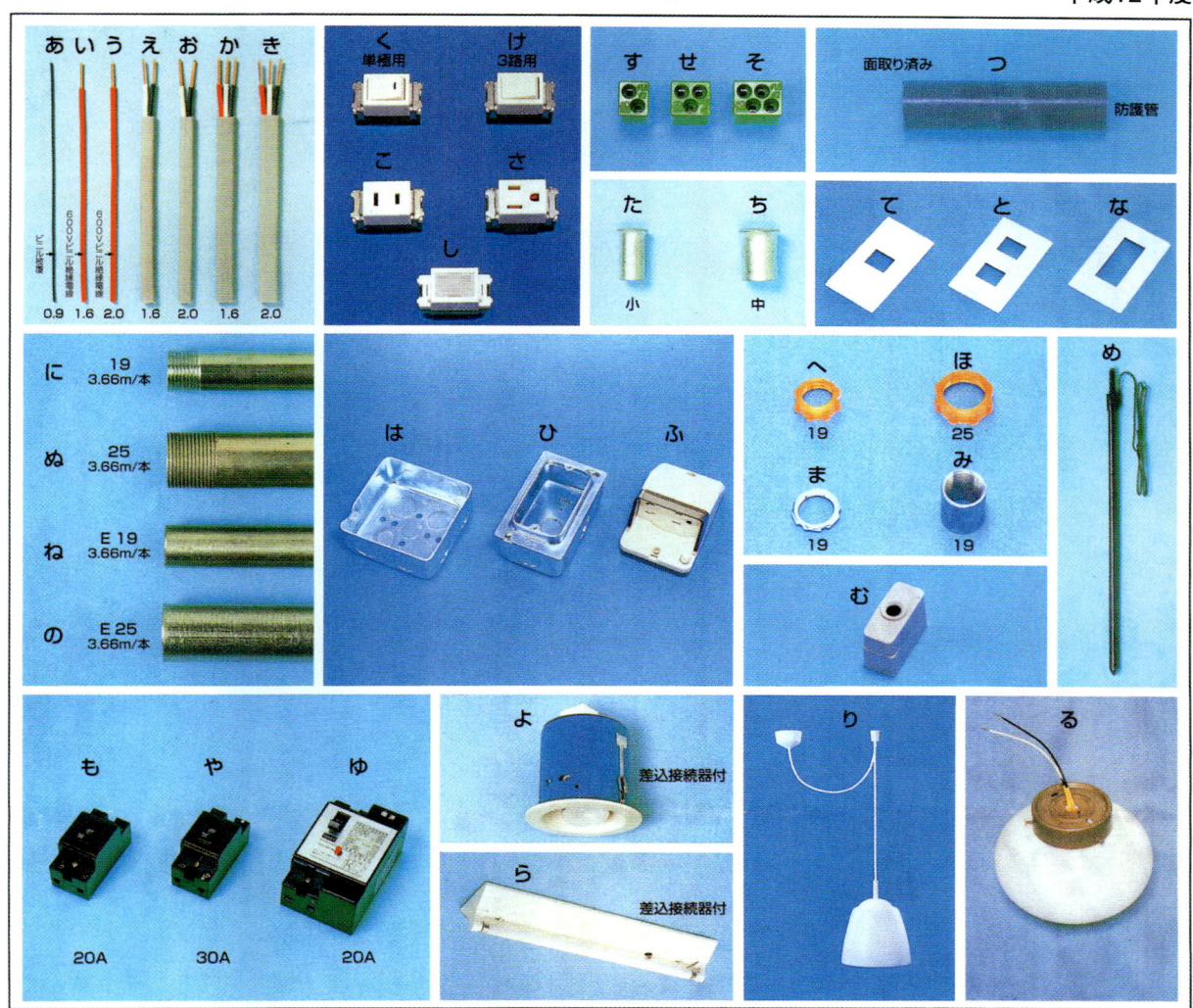

- あ: 0.9
- い: 1.6
- う: 2.0
- え: 1.6
- お: 2.0
- か: 1.6
- き: 2.0
  - 600Vビニル絶縁電線／600Vビニル絶縁電線

- く: 単極用
- け: 3路用
- こ
- さ
- し

- す、せ、そ
- た: 小
- ち: 中
- つ: 面取り済み　防護管
- て、と、な

- に: 19　3.66m/本
- ぬ: 25　3.66m/本
- ね: E19　3.66m/本
- の: E25　3.66m/本

- は、ひ、ふ
- へ: 19
- ほ: 25
- ま: 19
- み: 19
- む
- め

- も: 20A
- や: 30A
- ゆ: 20A
- よ: 差込接続器付
- ら: 差込接続器付
- り
- る

工具

- A: 19
- B: 25
- C
- D, E, F, G
- H, I, J
- K, L
- M
- N, O, P（油）

材料

材料等選別写真　午後の部　平成12年度

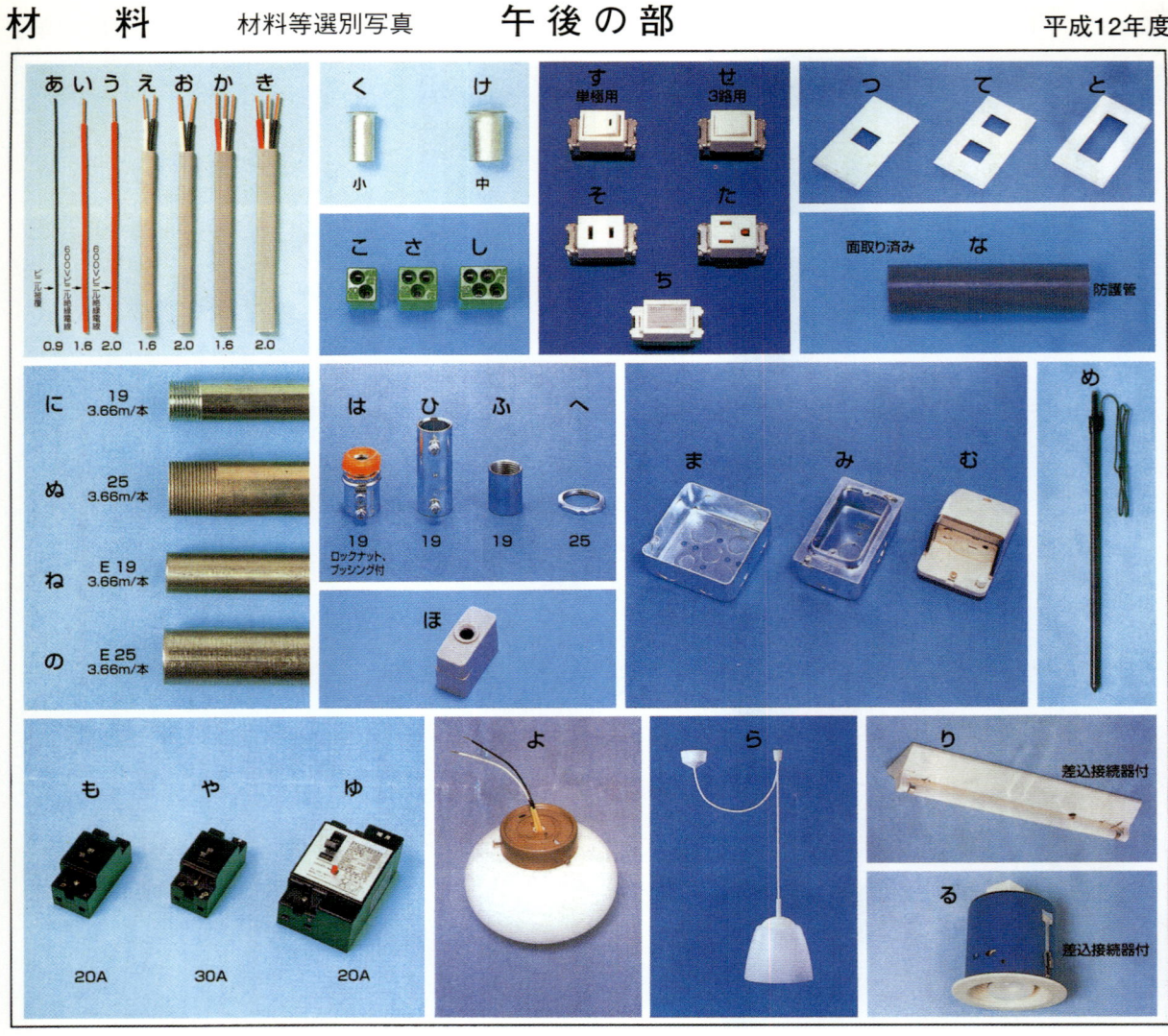

- あ, い, う, え, お, か, き: 電線類 (0.9, 1.6, 2.0, 1.6, 2.0, 1.6, 2.0)
- く(小), け(中)
- こ, さ, し
- す(単極用), せ(3路用), そ, た, ち
- つ, て, と
- な: 面取り済み / 防護管
- に: 19　3.66m/本
- ぬ: 25　3.66m/本
- ね: E19　3.66m/本
- の: E25　3.66m/本
- は: 19 ロックナット,ブッシング付
- ひ: 19
- ふ: 19
- へ: 25
- ほ
- ま, み, む
- め
- も: 20A
- や: 30A
- ゆ: 20A
- よ
- ら
- り: 差込接続器付
- る: 差込接続器付

工具

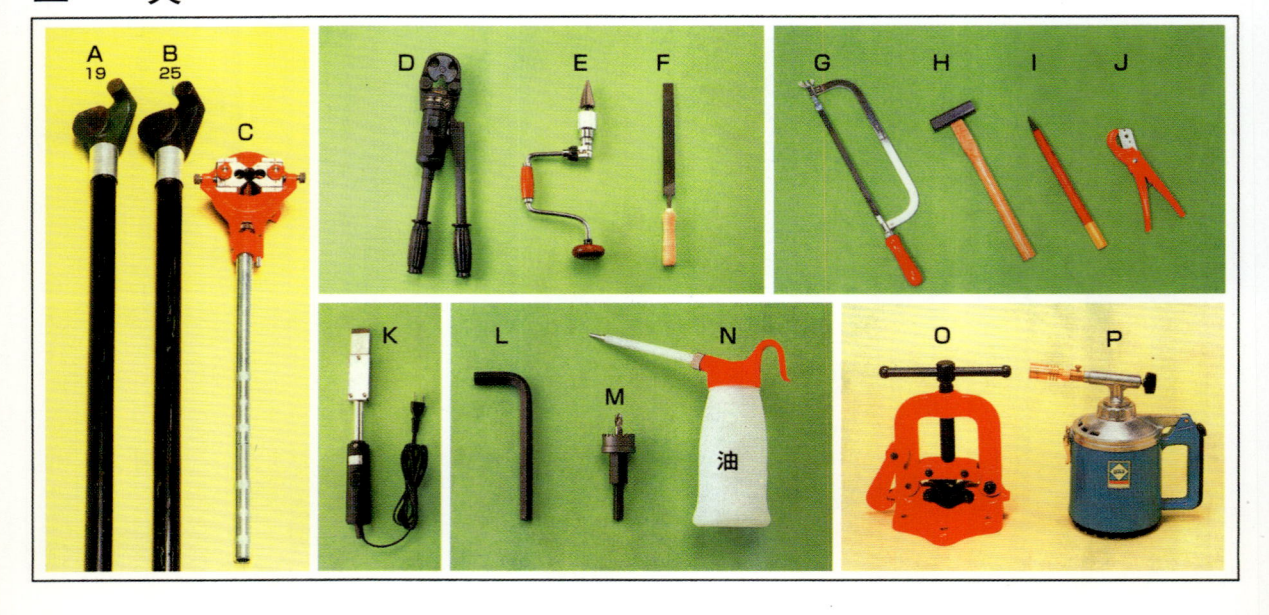

- A: 19
- B: 25
- C
- D, E, F
- G, H, I, J
- K, L, M, N(油), O, P

材料

材料等選別写真　　写真A

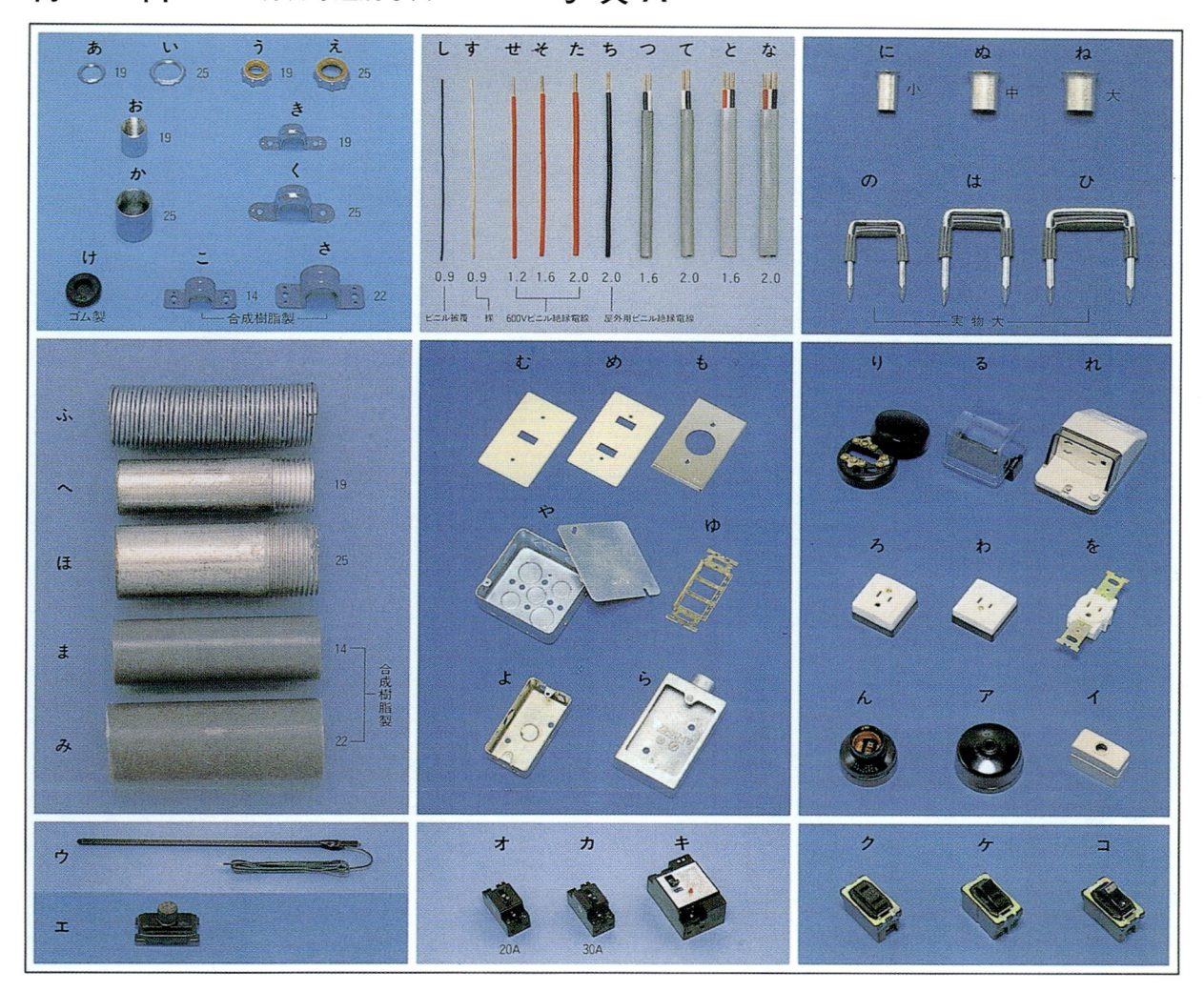

工　具

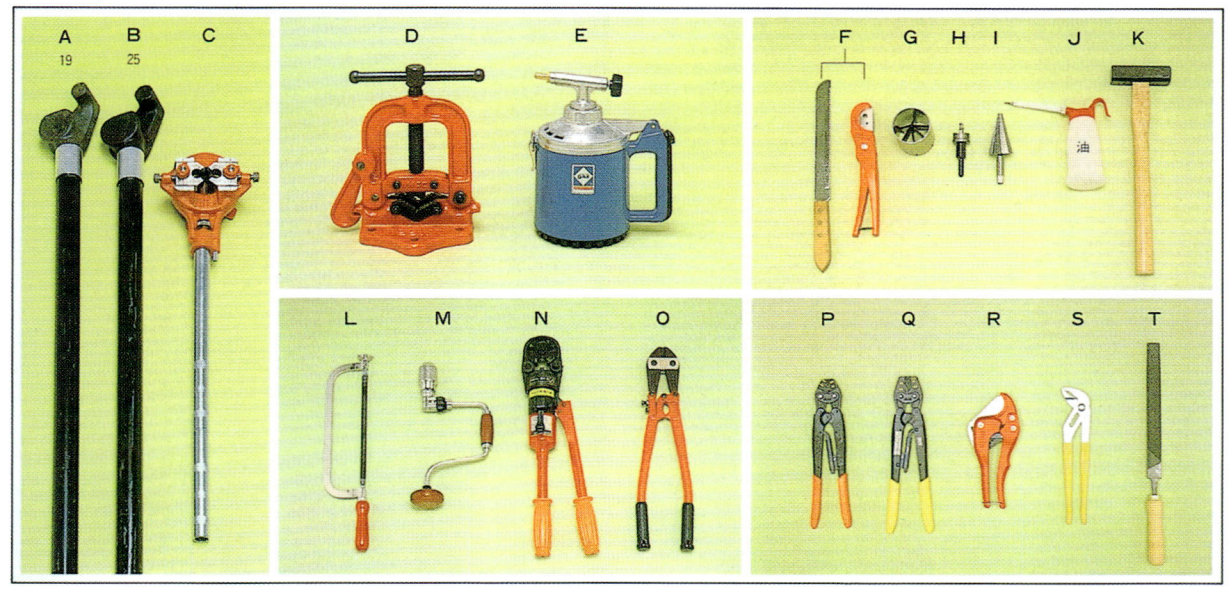

平成14年 午前

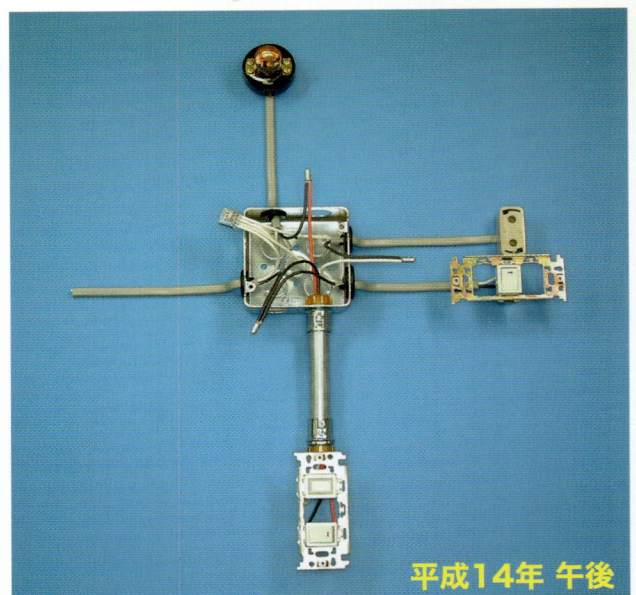

平成14年 午後

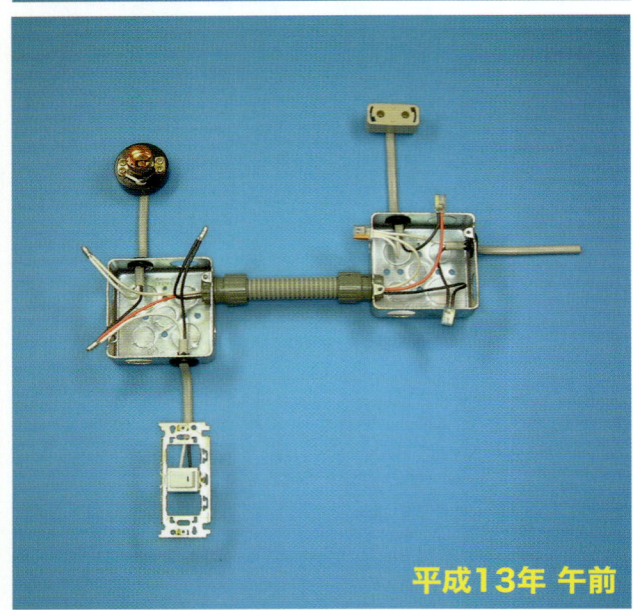

平成13年 午前

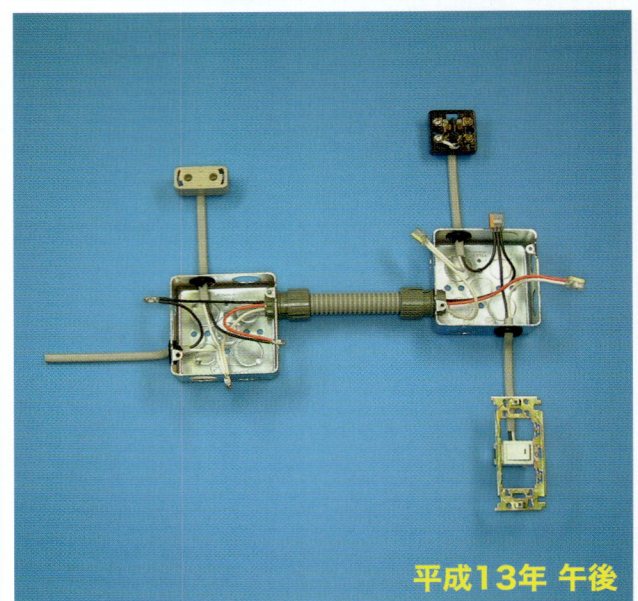

平成13年 午後

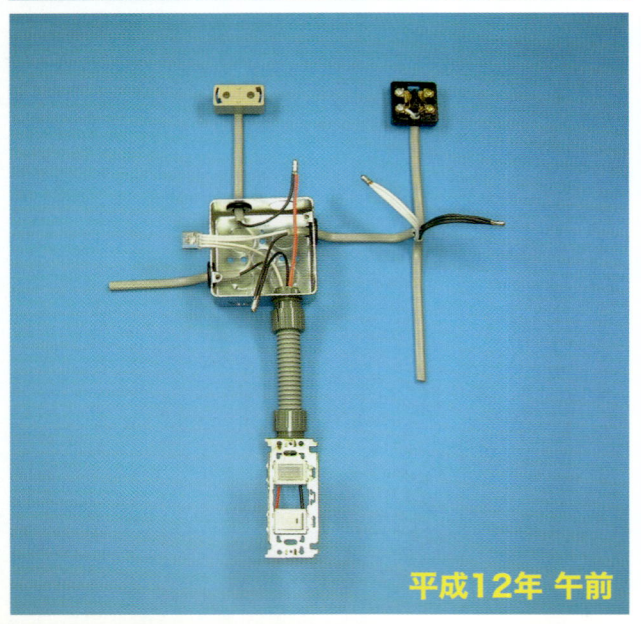

平成12年 午前

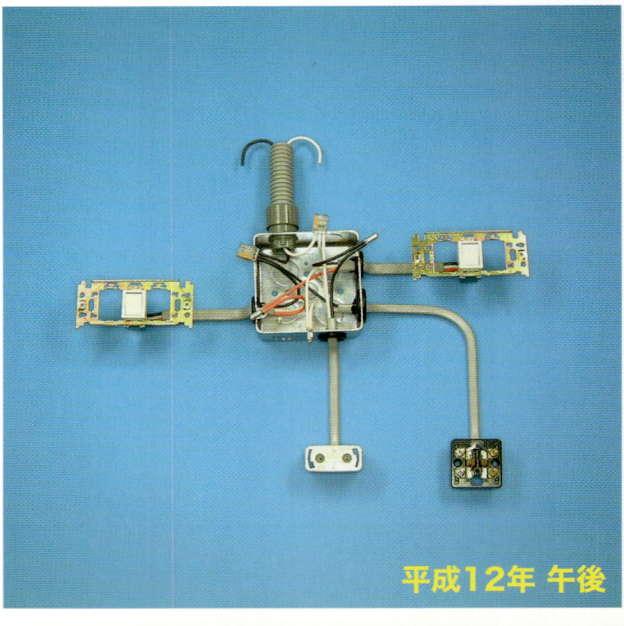

平成12年 午後